世界に誇る！
日本のものづくり図鑑 2

ワン・ステップ 編

はじめに

わたしたちがふだん何気(なにげ)なく使っている日用品や家電製品(せいひん)。それらがどのように生まれたのか、考えてみたことはありますか？　毎日使っている文房具(ぶんぼうぐ)でさえも、いつ、どのようにつくられ、どういうしくみで動いているのか、意外と知らないことが多いと思います。

この本では、身近な食品や日用品、家電製品(せいひん)から、ロケット、スーパーコンピュータまで、ものづくりにまつわるエピソードをたくさん紹介(しょうかい)しています。時代をこえて長く愛される製品(せいひん)のひみつや、世界をおどろかせる町工場の職人技(しょくにんわざ)、認証技術(にんしょうぎじゅつ)や超伝導(ちょうでんどう)リニアなどの新技術(しんぎじゅつ)についても知ることができます。開発者たちの知られざる苦労や、製品誕生(せいひんたんじょう)のきっかけとなったアイデアなど、ものづくりにまつわる秘話(ひわ)も満載(まんさい)です。

日本には、世界に誇(ほこ)る製品(せいひん)や技術(ぎじゅつ)がまだまだたくさんあります。ものづくりのすばらしさ、ものづくりにたずさわる人たちの努力とくふうに思いをはせてみてください。そうすれば、身のまわりにあるものが、いままでとは少しちがって見えてくるかもしれません。

第1章　食品・文房具(ぶんぼうぐ)・おもちゃ

生(なま)しょうゆ　キッコーマン食品株式会社(かぶしきがいしゃ)	6
缶(かん)入り緑茶　株式会社(かぶしきがいしゃ)伊藤園(とうえん)	10
トマトケチャップ　カゴメ株式会社(かぶしきがいしゃ)	14
乳製品乳酸菌飲料(にゅうせいひんにゅうさんきん)　株式会社(かぶしきがいしゃ)ヤクルト本社(ほんしゃ)	18
マヨネーズ　キユーピー株式会社(かぶしきがいしゃ)	22
セロハン粘着(ねんちゃく)テープ　ニチバン株式会社(かぶしきがいしゃ)	26
ハンディ鉛筆削(えんぴつけず)り　株式会社(かぶしきがいしゃ)ソニック	30
個人情報保護(こじんじょうほうほご)スタンプ　プラス株式会社(かぶしきがいしゃ)	32

接着剤　セメダイン株式会社 ……………………………………………… 35

自動車プラモデル　株式会社タミヤ ……………………………………… 38

ランドセル　株式会社セイバン …………………………………………… 42

第2章　家電製品・日用品

ミラーレスデジタル一眼カメラ　オリンパス株式会社 ………………… 46

自動式電気釜　株式会社東芝 ……………………………………………… 50

液晶ペンタブレット　株式会社ワコム …………………………………… 52

シュレッダー　株式会社明光商会 ………………………………………… 54

家庭用ビデオカメラ　ソニー株式会社 …………………………………… 57

家庭用ルームエアコン　ダイキン工業株式会社 ………………………… 60

電動ハブラシ　パナソニック株式会社 …………………………………… 63

食品包装用ラップフィルム　株式会社クレハ …………………………… 66

電子体温計　テルモ株式会社 ……………………………………………… 70

運動靴　アキレス株式会社 ………………………………………………… 74

ステンレスボトル　象印マホービン株式会社 …………………………… 78

家庭用浄水器　三菱レイヨン・クリンスイ株式会社 …………………… 82

化粧筆　株式会社白鳳堂 …………………………………………………… 86

腕時計　カシオ計算機株式会社 …………………………………………… 88

衣料用洗剤　花王株式会社 ………………………………………………… 90

貼り薬　久光製薬株式会社 ………………………………………………… 93

面ファスナー（マジックテープ）　クラレファスニング株式会社 …… 96

第3章 乗り物・精密機器・医療器具 ほか

自動車運転支援システム　富士重工業株式会社 ………………………… 100
無縫製ニット横編機　株式会社島精機製作所 …………………………… 104
生体認証技術　富士通株式会社 …………………………………………… 108
傘袋自動装着器　新倉計量器株式会社 …………………………………… 112
冷凍技術　株式会社アビー ………………………………………………… 114
耕うん機　本田技研工業株式会社（ホンダ） …………………………… 116
医療用手術針　株式会社河野製作所 ……………………………………… 118

下町ボブスレー ……………………………………………………………… 120
超電導リニア ………………………………………………………………… 125
しんかい6500 ……………………………………………………………… 128
H-IIAロケット ……………………………………………………………… 132
スーパーコンピュータ「京」……………………………………………… 136
通貨偽造防止技術 …………………………………………………………… 140

さくいん ……………………………………………………………… 142

第1章
食品・文房具・おもちゃ

おいしさと使いやすさをとことん追求

生しょうゆ

キッコーマン食品株式会社

しぼりたてのおいしさをとどけたい

わたしたちは、毎日のようにしょうゆを使った料理を食べていますが、しょうゆのつくりかたを知っている人はあまり多くはないかもしれません。

しょうゆづくりでは、まず、大豆と小麦に麹菌をまぜあわせて「しょうゆ麹」をつくります。しょうゆ麹に食塩水をくわえた「もろみ」を約半年間、熟成させ、布につつんでしぼった液体が「生しょうゆ」です。通常のしょうゆは、この生しょうゆを火入れ（加熱殺菌）し、色・味・香りをととのえてしあげます。

火入れをしないしぼりたての生しょうゆは、おだやかな香りと、あざやかなすんだ色が特徴で、やわらかな風味と口あたりがたのしめます。キッコーマンでは、1960年代前半か

いつでも新鮮　しぼりたて生しょうゆ

パウチ容器から進化した、やわらか密封ボトルの生しょうゆ。2011年に卓上ボトル（200mL、写真の右）、翌年に450mLボトル（左）が発売された。

いつでも新鮮 しぼりたて生しょうゆ（密封パウチタイプ）
2010年

最初に発売されたしぼりたて生しょうゆ。パウチ容器にいれて販売されていた（現在は販売されていない）。

ら生しょうゆを開発し、販売に取り組んできましたが、保存期間が短いなどの問題で、広く普及するにはいたりませんでした。

一方で、できたてのしょうゆの色・味・香りをたもつための容器開発を10年以上前からすすめていました。しょうゆは空気（酸素）にふれることで酸化がすすみ、色が濃くなったり、風味がそこなわれたりします。生しょうゆを常温で広く流通させるためには、なるべく空気にふれさせない容器の開発が必要でした。

通常のしょうゆと「生しょうゆ」のちがい

	通常のしょうゆ (加熱処理)		生しょうゆ (非加熱処理)
	濃い	色	あざやかな赤橙色
	キレのある味わい	味	まろやかな味、さらりとしたうま味
	強い	香り	おだやか

通常のしょうゆ

火入れをして品質を安定させるので、色は濃くなる。

生しょうゆ

火入れをしていないので、あざやかな赤橙色をしている。

しょうゆのつくりかた

原料の大豆と小麦に麹菌をまぜて、しょうゆ麹を育てます。しょうゆ麹に食塩水をくわえたものがもろみで、ゆっくり発酵・熟成をまちます。これで原料が分解されて、味や香り、うま味が生まれます。もろみをしぼったものが「生しょうゆ」です。通常のしょうゆは、生しょうゆを火入れ（加熱殺菌）し、色・味・香りをととのえたものです。

そして、2010（平成22）年、パウチ容器にはいった「いつでも新鮮 しぼりたて生しょうゆ」が発売されました。空気をとおさない、パウチとよばれるフィルム容器にしょうゆをいれて、なかのしょうゆは外にでるけれど、外の空気は内側にはいりこまない「逆止弁キャップ」がつけられました。空気にふれず酸化しない密封パウチ容器の完成で、封をあけてから常温保存で90日間も、生しょうゆをおいしく味わえるようになりました。

使いやすい容器をめざして

ただ、この新しい容器は、片方の手ではもちにくく、しょうゆの量がへってくると、たおれやすいという難点がありました。キッコーマンには、容器の開発でもしょうゆ業界をリードしてきた歴史があります。

1961（昭和36）年に発売された赤いキャップの卓上びん（→p.9）は、もちやすくて液だれしないデザインで、日本と世界の食卓をかえたといわれています。また、軽くてじょうぶなペットボトルは、いまではいろいろな製品に使われていますが、これもキッコーマンが1977年に、食品業界ではじめて容器として採用しています。

生しょうゆのおいしさを守りながら、使いやすい容器をめざして、キッコーマンの挑戦はつづきました。

やわらか密閉ボトルの登場

そして2011年、ついに、やわらか密閉ボトル入りの生しょうゆ（200mL卓上ボトル）が登場します。翌年には、450mLボトルも発売されました。

この容器は、ボトルのなかに内袋がはいった二重構造になっていて、「ダブル逆止弁キャップ」を採用しています。キャップのなかにある1つの弁からは、しょうゆがでてきますが、空気ははいりこみません。もう1つの弁からは、外側のボトルと内袋のあいだに、しょうゆをそそいだぶんだけ空気がはいり、逆もどりしません。外側のボトルだけがもとの形にもどるのです。

ボトルはもちやすいので、かんたんにそそぐことができます。料理や食事のときにも使いやすく、とても便利になりました。もちろん、開封後も常温保存で90日間、しぼりたての味や香り、あざやかな赤橙色はそのままです。すぐれた技術やアイデアがたくさんつまったこのボトルは、2012年（200mL）と2013年（450mL）にグッドデザイン賞を受賞しました。

キッコーマンは、健康のために塩分をへらしたしょうゆや、かつお節や昆布のうま味をくわえただししょうゆなどを開発し、「いつでも新鮮シリーズ」として発売しています。このシリーズは、おいしさと使い勝手のよさで、人気を集めています。

ボトルのひみつ

ボトルは二重になっている。ボトルをおすと生しょうゆがでて、内袋は小さくなり、手をはなすと空気がはいって、外側のボトルだけがもとの形にもどる。

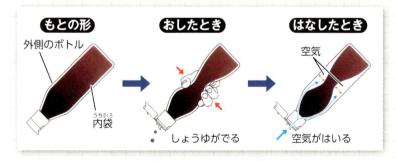

使用中のボトル
内袋のなかの生しょうゆが見える。

使用後のボトル
しょうゆがなくなっても、ボトルの大きさはかわらない。

一滴から、必要な量をそそぐことができる。

「グッドデザイン賞」とは、公益財団法人日本デザイン振興会が主催するデザイン推奨制度。くらしや産業、社会をゆたかにする、すぐれたデザインを表彰している。

赤いキャップのしょうゆびん

　キッコーマンは、現在は会社の名前ですが、もともとは、千葉県野田市でつくられていたしょうゆの商標です。1917（大正6）年に、野田と流山でしょうゆをつくっていた醸造家が合同で「野田醤油株式会社」を設立しました。その後、醸造家ごとにちがっていたしょうゆの商標を「キッコーマン」に統一し、近代的な工場で品質のよいしょうゆをたくさん製造するようになりました。

　しょうゆのおいしさを世界に広めたいと思っていたキッコーマンは、1957年、アメリカのサンフランシスコにしょうゆ販売会社をつくりました。アメリカ人のこのみにあう、しょうゆを使った肉料理のレシピ（調理法）を紹介して、しょうゆの魅力を伝え、アメリカでのしょうゆ消費量を大きくふやしました。

　キッコーマンのしょうゆは、いまでは世界100か国以上で販売されています。とくに、赤いキャップのびんにはいった卓上しょうゆは、おいしさと使いやすさ、すぐれたデザインから、約70か国で累計4億本以上販売されています。

赤いキャップの卓上びん
1961年に発売されたキッコーマンしょうゆ卓上びん。発売当初からかわらない人気のデザイン。

海外で販売されている卓上びんも日本とおなじデザインの容器。しょうゆのことを「KIKKOMAN」とよぶ国もある。

学べる施設　もの知りしょうゆ館
千葉県野田市

しょうゆのつくりかたを映像や展示で、わかりやすく紹介している。もろみの熟成のようすや、しょうゆの色・味・香りも体験できる（予約が必要）。御用蔵では、伝統的なしょうゆ醸造技術や、貴重な道具も見学できる。

もの知りしょうゆ館の外観

お茶の葉の自然なおいしさがいきている

缶入り緑茶

株式会社伊藤園

どこでも飲める缶入り緑茶への挑戦

　日本人はお茶が大好きです。緑茶だけでも1人あたり1年間で92リットルも飲まれています。でも、1950年代終盤から1980年代にかけて、缶入りの炭酸飲料やコーヒー、スポーツドリンクがつぎつぎと発売されたころ、缶入りの緑茶はまだなく、緑茶は、きゅうすにお茶の葉をいれ、お湯をそそいで飲まれていました。また、日本人の食べ物や飲み物のこのみが洋風になってきたこともあり、手間のかかる緑茶を飲む人がへりはじめていました。

缶入りお〜いお茶
1989年発売

ユニークな商品名と、昔の竹筒水筒をイメージしたデザインで大ヒットした。

缶入りウーロン茶
1981年

世界初の缶入りウーロン茶。緑茶にさきがけて発売された。

缶入り煎茶
1985年

世界初の缶入り緑茶。緑茶の色と香りがいきている。

　緑茶やウーロン茶の茶葉を販売していた伊藤園では、手軽な缶飲料を選ぶ人がふえているのを見て、いつでもどこでも飲める缶入りのお茶をつくりたいと考え、研究をスタートさせました。

　1980（昭和55）年、伊藤園は、まず缶入りウーロン茶の開発に成功します。しかし、缶入り緑茶の開発には困難がまちうけていました。緑茶は、缶入りにしても時間がたつと茶色くにごり、香りがかわってしまうという、大きな問題があったのです。ジュースのように着色料や香料を使えば、かんたんに解決するのですが、開発者たちは、緑茶の自然な色と香りを何よりも大切に考えていました。

緑茶の色と香りを守る

　さわやかな緑色が茶色に変色してしまうのは、缶にふたをするときに、内部にのこってしまう空気中の酸素が原因でした。

　研究がいきづまっていたときに、開発者たちは、取引先から「炭酸飲料は、炭酸ガスをふきつけて空気を追いだす」という話を耳にします。これが大きなヒントとなり、炭酸ガスのかわりに、水にとけない窒素という気体をふきつけて酸素を追いだし、緑茶の変色をふせぐことに成功したのです。この方法を「T-N（ティー・ナチュラル）ブロー製法」といいます。

　一方、緑茶の香りがかわってしまうのをふせぐために、いちばん適したお茶の葉と、抽出するときのお湯の温度、抽出時間を徹底的に研究しました。お湯の温度は1℃ずつ、抽出時間は1秒ずつかえて、1000通り近い組みあわせをためしたのです。そうして、1985年、世界初の「缶入り煎茶」が発売されました。

「お〜いお茶」で大ヒット

　10年もの歳月をかけ、自信をもって発売した「缶入り煎茶」でしたが、なかなか売れませんでした。理由のひとつは、当時のお茶に対する意識でした。日本には、人をお茶でもてなす習慣があるので、レストランなどで食事をするとき、お茶は無料で提供されます。そのため、わざわざお金をはらって飲むものではないと考えられていたのです。

　もうひとつは「煎茶」という商品の名前でした。煎茶は、緑茶のなかで、もっとも多く飲まれている種類の茶葉です。しかし、とくに若い人にとってなじみが薄い「煎茶」ということばは、読みかたもむずかしく、したしみを感じにくかったのです。

　担当者が新しい商品名の考案に悩んでいたとき、「お〜い、お茶」ということばが耳にとびこんできました。1970年代から伊藤園のテレビCMで使われていた、あのセリフです。「これだ！」と思った担当者は、そのまま商品名にすることを会社に提案して、缶のデザインも竹筒をイメージしたさわやかで明るいものにかえ、1989（平成元）年に「缶入りお〜いお茶」として発売しました。さらに、弁当といっしょに売ることを提案したことで大ヒットしました。

T-N（ティー・ナチュラル）ブロー製法
窒素をふきつけることで、ヘッドスペースの酸素を追いだし、緑茶の変色をふせぐ製法。窒素は、体に害のない気体で、空気中にもっとも多くふくまれている。

「お～いお茶」のテレビCMのイメージ。

ペットボトル入り お～いお茶

（525mL入り）

ホット専用の
お～いお茶
（275mL入り）

挑戦しつづける「お～いお茶」

　伊藤園がつぎに挑戦したのは、ペットボトル入りの緑茶です。キャップのあるペットボトルは、もちはこびに便利ですが、缶と構造がちがうため、オリの問題がありました。お茶の成分は、「オリ（小さな粒）」になってボトルの底にたまります。体に害はありませんが、お茶の味や香りがわるくなり、見た目も気になります。おいしさをたもちながら、オリを取りのぞく努力がつづきました。

　そして、ついに天然素材でつくった茶こし（マイクロフィルター）で、オリの原因となる物質をこしておいしさをひきだす「マイクロフィルター方式」にたどりつきました。

　1990年に「ペットボトル入り お～いお茶（1.5L）」が発売されます。さらに、2000年には、むずかしいと考えられていたホット専用ペットボトルの開発に成功し、「ホット専用ペットボトル緑茶」を発売しました。ホット専用のペットボトルは、複数の素材を使うことで、通常のペットボトルよりも酸素をとおしにくくなっています。

　現在、伊藤園では、消費者のこのみにあわせて、さまざまな緑茶飲料を販売しています。また、体によい緑茶のおいしさを世界に広げる活動にも積極的に取り組んでいます。

マイクロフィルター方式のイメージ

天然素材でつくった茶こし（マイクロフィルター）でオリの成分を取りのぞくと、にごりのないすっきりしたお茶になる。

おいしいお茶のいれかた

自分でお茶をいれてみると、おなじお茶の葉を使っても、お湯の温度や抽出時間のかげんによって、味にちがいがでることがわかります。

1 お茶の葉（1人ぶんはティースプーン1杯）をきゅうすにいれる。

2 お湯をいったん湯のみにいれ、適温まで湯ざましたら、そのお湯をきゅうすにうつす。

3 お茶の成分がでてくるのをまつ。

4 最後のひとしずくまでのこさず湯のみにそそぐ。

茶葉の種類	特徴	お湯の温度（適温）	抽出時間
煎茶	すっきりしてバランスのよい味。高級な上煎茶は、低めの温度と長めの時間でいれる。	80～95℃	30～40秒
玉露	うま味や甘みがあって、しぶみが少ない。	55℃	2分～2分30秒
玄米茶	しぶみが少なく、玄米のこうばしい香りがする。	95℃	30秒

学べる施設 伊藤園静岡相良工場
静岡県牧之原市

きゅうすでいれる茶葉製品や、水でもお湯でもすぐにとける粉末のお茶、むぎ茶のティーバッグを袋詰めするようすが見学できる。品質の管理や商品の開発、緑茶の健康成分についての研究などをしている施設も見学できるほか、茶がらを使ったリサイクル製品のことも学べる。

工場見学のようす

日本にトマト食文化を広めた
トマトケチャップ
カゴメ株式会社

売れのこったトマトからの挑戦

　トマトケチャップを日本で最初に発売したカゴメの創業者・蟹江一太郎は、愛知県の養蚕農家に生まれました。兵役をおえて実家にもどった蟹江は、1899（明治32）年から、つくった経験もない西洋野菜を育てはじめました。軍隊の上官から「これからは西洋野菜の時代だ」と栽培をすすめられたことがきっかけでした。

　しかし、つくってはみたものの、日本では西洋野菜がほとんど知られていない時代だったので、なかなか売れません。やがて、キャベツやパセリ、レタスは、ホテルや西洋料理店が少しずつ買ってくれるようになりましたが、真っ赤なトマトだけは、まったく売れませんでした。

　せっかく育てたトマトがむだになってしまう……。こまりはてた蟹江は、西洋ではトマトをソースに加工して使っていることを知り、トマトソースづくりに挑戦したのです。家族も協力して道具やつくりかたをくふうし、何度も試作をくりかえしました。そして、1903年、トマトソース（現在のトマトピューレ）の開発に成功したのです。

　1906年には工場を建設し、トマトソースを本格的に生産するようになりました。食品問屋や西洋料理店での評判もよく、売り上げが順調にのびたので、つぎは家庭で使うトマトケチャップとウスターソースの開発にも取り組みました。日本人のこのみにあうように、原料や調味料、スパイスの配合をかえて完成させ、1908年に販売をはじめました。コロッケなどにかけるウスターソースは、トマトケチャップよりもよく売れました。

味も容器も海外製品に負けないケチャップ

　農家出身の蟹江は、よいケチャップを安定してつくるためには、農家が安心してトマト

トマトソースの製造をはじめた当時の作業場。

第1章 食品・文房具・おもちゃ

カゴメトマトケチャップ
1908年発売

左の写真は、2014年のトマトケチャップのパッケージ。

プラスチック容器にはいった現在のカゴメトマトケチャップ。発売以来、さまざまな容器で販売されてきた。

細口びん入り
（戦前）

アルミチューブ入り
（1958年）

世界初となるプラスチックチューブ入りトマトケチャップの広告（1966年）。

ス製造合資会社」を設立して、トマト加工を事業としました。工場には、アメリカの最新加工技術を取りいれ、ケチャップの殺菌方法をかえるなどして、味も海外のケチャップに負けない製品へと向上させました。

また、たくさんの人に使ってもらえるようにと、婦人雑誌に広告や料理の記事をのせたり、高等女学校の卒業生に使いかたを紹介したりして、洋食を広める努力もしました。昭和の時代になると、家庭でもチキンライスやオムライスをつくって食べるようになり、トマトケチャップは、どこの家にも常備される調味料になりました。

太平洋戦争後は容器の改良にも力をそそぎました。それまでは、ビールびんのように王冠でふたをする口の細い容器だったので、ケチャップが少なくなると、だしにくくて不便でした。そこで1957（昭和32）年に、開け閉めのしやすいスクリューキャップにして、スプーンですくいだせる広口のびんに改良したところ、使いやすいと大評判になりました。

1963年に会社名を「カゴメ株式会社」にかえたあと、さらに容器のくふうをかさねました。そして、1966年、プラスチックチューブ入りのトマトケチャップを世界ではじめて発売したのです。しぼりだしやすくて、だしたあとはもとの形にもどる、ちょうどよいやわらかさと軽さは、現在もうけつがれているトマトケチャップ容器の基本になりました。

栽培できる環境が必要だということをよくわかっていました。そこで、トマトの値段を先に決めて、契約した畑のトマトは全部買いとる約束をしました。トマトの価格が大きくさがったときでも、蟹江は自身が借金を背負ってまで、この約束を守りぬいたといいます。

1914（大正3）年、蟹江は「愛知トマトソー

タネからつくり、農家とともに育てる

100年以上前から日本のトマト食文化をつくりあげてきたカゴメは、約7500種類のトマトのタネを保有していて、その種類数は民間企業では世界でもトップクラスです。「トマトのタネはおいしさの財産、タネをたやすことはおいしさをたやすこと」という信念のもと、古くからある品種から、改良した新しい品種まで、大切に守りつづけています。カゴメのトマト製品は、約7500種類のトマトのなかから選びぬいてつくられているのです。

カゴメは、農家に苗をくばり、農家と協力

たくさんのトマトの種類のなかから、製品にもっともあうものを選んで加工する。

しながら、土づくりや育てかたなどを研究しています。トマトは、旬のおいしい時期に収穫されたあと、着色料や保存料をいっさい使わないトマトケチャップのほか、さまざまなトマト製品になります。

世界には、カゴメよりも歴史や伝統のあるトマト加工会社がありますが、そのほとんどは、仕入れたトマトを加工したり販売したりするだけです。トマトの品種改良から生産、加工、販売まで、これほどの規模でおこなっている会社はカゴメだけです。

すぐれたトマトをつくりだすために品種改良がおこなわれる。写真は受粉作業のようす。

カゴメトマトケチャップの製品ラインナップ

トマトケチャップ

真っ赤に熟したケチャップ用トマトを使い、創業以来の伝統製法でつくられている。

有機トマト使用ケチャップ

有機野菜のおいしさをいかして、塩分を30％おさえたマイルドなケチャップ。

大人のトマトケチャップ

さっぱりとしたやさしい甘みで、トマト本来のおいしさが感じられる大人の味。

第1章 食品・文房具・おもちゃ

トマトパワーでおいしく健康に

　和食のおいしさのもとになっているのは、昆布のグルタミン酸や、かつお節のイノシン酸などのうま味成分です。トマトにはグルタミン酸がたっぷりふくまれているので、イノシン酸の多い肉や魚と組みあわせると、料理がとてもおいしくなります。

　現在、カゴメは、おいしくて健康に役立つトマトをもっとたくさん食べてもらえるように、さまざまな製品を開発しています。ケチャップだけでなく、トマトジュースやピザソース、鍋つゆやそうめんのつゆ、スポーツ飲料、サプリメントなど、幅広い分野に展開しています。また、カゴメの技術は、トマト以外の野菜加工品や、植物性乳酸菌（野菜や豆、米などを発酵させる乳酸菌）を使った飲み物の開発などにもいかされています。

トマトを使ったさまざまな製品

トマトウォーター
すっきりした味のスポーツドリンク。1本にトマト2.5個ぶんのトマト果汁がはいっている。

カゴメトマトジュース
真っ赤に熟したリコピンたっぷりのトマトでつくったジュース。

リコピン美活習慣
美容のためのサプリメント。トマトの機能性成分リコピンとコラーゲンのほか、4つの美容成分をふくむ。

カゴメトマトフレーク
ふりかけて使う便利な調味料。乾燥トマトをバジルやガーリックで味つけしたもの。

学べる施設　カゴメ記念館

愛知県東海市

　カゴメ記念館は、蟹江一太郎が最初にトマトを栽培した愛知県東海市にある。カゴメの歴史や、ソースの製造過程などがわかるビデオが上映されている。展示コーナーでは、トマトの栽培技術や加工技術がどのように発展したのかを学ぶことができる。

カゴメ記念館の外観

人の体を守るミクロの菌
乳製品乳酸菌飲料

株式会社ヤクルト本社

病気に負けない体をつくるために

乳製品乳酸菌飲料「ヤクルト」の生みの親である代田稔は、1899（明治32）年、長野県の伊那谷（いまの飯田市）に生まれました。

伊那谷は、高い山にかこまれた土地で、農作物が育ちにくく、当時は、多くの人がまずしいくらしをしていました。そのため、じゅうぶんな食事や栄養素をとることができず、命を落としてしまう子どももいました。

そのような環境で育った代田は、「病気の子どもたちを救えるようになりたい」と強く思うようになります。やがて成長した代田は、医師をこころざし、京都帝国大学（いまの京都大学）の医学部に入学します。

ヤクルト
1935年発売

2013年11月には、1本あたりの乳酸菌 シロタ株の菌数を200億個にふやし、「Newヤクルト」として生まれかわった。

昭和20年代のヤクルト
昔はガラスびんにいれて販売されていた。

代田が大学へ入学した1920年ごろの日本は、衛生状態がわるく、赤痢や腸チフスなどの伝染病が日本中で流行していました。当時は、かかってしまうと、命を落とすことも多いおそろしい病気です。代田は、病気にかかってから治療するのではなく、病気にかからないように予防する「予防医学」が大切だと考えます。

体の消化管にすむ微生物（目に見えない小さな生き物）の研究をすすめていた代田は、

代田 稔
医学博士。京都帝国大学で医学を学ぶ。病気にかかりにくい体づくりをめざして「乳酸菌 シロタ株」をふくむ「ヤクルト」を生みだし、予防医学の大切さを広めた。

人の腸のなかには、病気のもとになるわるい菌と、わるい菌をおさえて体を守ってくれるよい菌がいることに気づきます。なかでも乳酸菌が、わるい菌をおさえるために効果的だということもわかりました。

ひとりでも多くの人にヤクルトを

代田は、たくさんの乳酸菌のなかから強いものを選んで、さらに強い乳酸菌に育てる研究をくりかえしました。そして、1930（昭和5）年に、胃液や胆汁に負けずに、生きたまま腸内にとどいて、体によいはたらきをする乳酸菌の強化・培養に、世界ではじめて成功したのです。この乳酸菌は代田の名前から「乳酸菌 シロタ株（ラクトバチルス カゼイ シロタ株）」と名づけられました。

そして、代田は、乳酸菌 シロタ株を多くふくむおいしい飲み物をつくりました。それが、のちの社名にもなった「ヤクルト」です。ヤクルトという名前は、エスペラント語（1800年代後半に世界共通語としてつくられた言語）で、ヨーグルトを意味する「ヤフルト」ということばからつけられました。

1935年、福岡県福岡市で「代田保護菌研究所」がつくられ、ヤクルトの製造・販売がはじまりました。しかし「ヤクルトの普及で、ひとりでも多くの人を健康にしたい」という代田の思いは、太平洋戦争によってたちきられます。

多くの人の命がうしなわれた戦争がようやくおわると、代田は、乳酸菌 シロタ株の復活に取り組みました。そして、1950年、ついにヤクルトの販売を再開します。

1955年には、東京に「ヤクルト本社」が設立され、ヤクルトのほかにも、さまざまな乳製品や、健康食品・飲料などを開発・販売す

Newヤクルトができるまで

粉ミルクをお湯でとかして、ミルクをつくる。 ▶ ミルクを殺菌する。 ▶ 乳酸菌をミルクにいれて発酵させる。

乳酸菌
乳酸菌は、ミルクのなかの糖分を食べて、酸味のある乳酸をだす。

▶ シロップをまぜて、味をととのえる。 ▶ 容器にいれる。 ▶ 安全性のチェックをうけて販売される。

るようになりました。発売当初はびんにいれて販売されていたヤクルトですが、びんの回収の手間や重さなどの問題から、1968年にプラスチック容器での販売がはじまりました。

また、ヤクルトの普及をすすめた独自の販売方法「婦人販売店システム」が、1963年にスタートしました。これは、各家庭や職場へヤクルトレディが訪問するもので、乳酸菌の価値を理解してもらい、商品をつづけて飲んでもらうためにはじめた方法です。現在では、約3万8000人のヤクルトレディが日本各地ではたらいています。

ヤクルトとその関連製品は、海外でも販売されています。2014（平成26）年には、日本をふくむ33の国と地域で、毎日、約3000万本が飲まれています。海外でもヤクルトレディは活躍していて、アジアや南米を中心に約4万2000人がはたらいています。

◀乳酸菌 シロタ株とふつうの乳酸菌のちがい▶

乳酸菌 シロタ株とふつうの乳酸菌を人工的につくった胃液にいれて、変化を調べてみた。60分後、ふつうの乳酸菌はすべて死んでしまったが（赤色）、乳酸菌 シロタ株のほとんどが生きていた（緑色）。

人工的な胃液にいれる前

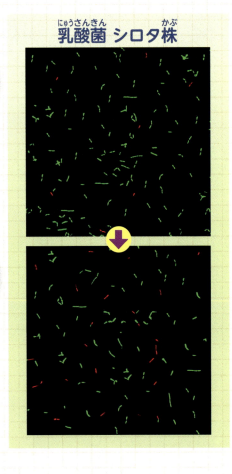

乳酸菌 シロタ株

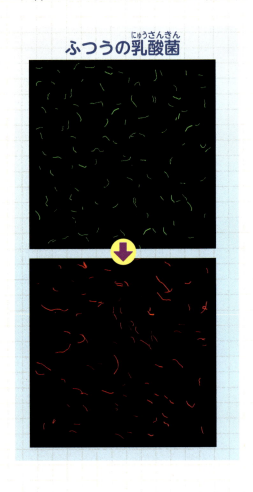

ふつうの乳酸菌

人工的な胃液にいれた60分後

生きたまま腸に到達する乳酸菌 シロタ株は、わるい菌をへらして、よい菌をふやし、おなかの調子をととのえる。

乳酸菌のパワーでもっと健康に

ヤクルト本社は、飲料や食品だけでなく、乳酸菌の研究から生まれた技術で、肌のすこやかさを守る化粧品の開発・販売もしています。また、乳酸菌などの微生物の研究をいかして、さまざまな医薬品の開発もおこなっています。

2014年には、宇宙航空研究開発機構（JAXA）と協力して、国際宇宙ステーション（ISS）での共同研究をはじめました。地球とは大きく環境のちがう国際宇宙ステーション内で、長い時間をすごす宇宙飛行士の健康のために、乳酸菌 シロタ株がどのように役に立つのかを調べています。

ヤクルト本社のこのような研究は、未来にむけた生命科学の発展や、わたしたちの子孫の健康にも大いに役立つことになるでしょう。

乳製品

ヤクルト400
おなかの調子をととのえる乳酸菌 シロタ株がもっとも多いヤクルト。

ヤクルト Ace
すっきりした甘さのヤクルト。鉄分やカルシウムもとれる。

ジョア
カルシウムの豊富な飲むヨーグルト。乳酸菌 シロタ株がはいっている。

化粧品

肌のうるおいを守るスキンケア製品。乳酸菌研究から生まれた。

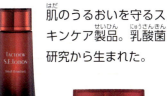

医薬品

ビフィズス菌とカゼイ菌のはたらきで、おなかの調子をととのえる整腸薬。

学べる施設 ヤクルト本社 兵庫三木工場

兵庫県三木市

代田稔がヤクルトにこめた思いや、ヤクルトの歴史、予防医学の大切さについての展示のほか、ヤクルト400の試飲や生産しているようすを見学できる。ヤクルトの容器を利用したプラリサイクル品のおみやげももらえる。

工場の外観

うま味たっぷりの人気調味料
マヨネーズ

キユーピー株式会社

キユーピー マヨネーズ
1925年発売

左の写真は、2014年現在のキユーピーマヨネーズ。卵の卵黄を多く使った卵黄型マヨネーズで、コクがあるのが特徴。

マヨネーズにほれこんだ中島董一郎

　多くの人に愛される調味料のひとつであるマヨネーズ。キユーピーの創始者、中島董一郎もマヨネーズが大好きでした。

　缶詰の製造技術について学ぶため、中島は、1912（大正元）年から、海外実業練習生としてヨーロッパ、アメリカにわたりました。そこでマヨネーズをはじめて口にし、そのおいしさにおどろかされました。中島は、「欧米人にくらべて背が低い日本人も、栄養たっぷりのマヨネーズを食べれば体格がよくなるのではないか。日本でマヨネーズをつくって発売しよう」と思いたちます。

　しかし、中島が帰国した大正時代のはじめごろ、マヨネーズのことを知っている人は、日本にはほとんどいませんでした。

初期のマヨネーズ
日本ではじめて製造・販売されたマヨネーズのびん。

　中島が日本初のマヨネーズの製造・販売を開始したのは1925年です。関東大震災からの復興をきっかけに、人びとのくらしがだんだん洋風になり、ようやくマヨネーズがうけいれられる時代がきたと考えたからでした。「キユーピーマヨネーズ」という名前は、みんなに愛されるようにという願いをこめてつけられました。そのころは、生野菜を食べる習慣がなかったので、マヨネーズは、サケやカニの缶詰のソースとして紹介されていました。はじめて目にする人も多かったので、ヘアスタイルをととのえるポマードとまちがえて、髪の毛につける人もいたほどです。

よいマヨネーズはよい原料から

　当時は卵が貴重品だった時代でしたが、キユーピーマヨネーズには、輸入品のマヨネーズの2倍も卵黄が使われています。当初の値段は、はがき1枚の30倍という高級品でした。そこで中島は、新聞のおなじ場所に広告を毎回のせるなどして、マヨネーズの魅力や食べかたを世のなかに広め、売り上げを大きくのばしました。

　太平洋戦争から戦後にかけては、食料が不足したため、1943（昭和18）年から5年間は、マヨネーズを製造することができませんでした。その後、日本人の食生活が西洋化した一方、製造方法が進歩したこともあり、マヨネーズの値段は安くなって販売量がふえていきました。びん入りのマヨネーズが現在のようなポリボトル容器になったのは1958年です。

もっとおいしく健康に

　キユーピーマヨネーズが日本の食卓に欠かせない調味料になったもっとも大きな理由は、体によい原料を選んで、素材の力でうま味やコク、なめらかな口あたりを生みだしていることです。着色料や保存料、増粘剤などの添加物はいっさい使われていません。また、おいしさを守るために、製造方法や容器にさまざまな改良をくわえています。

　マヨネーズが発売されたころはまずしかった日本人の食生活も、たいへんゆたかになりました。いまは、健康のためにカロリーやコレステロールをおさえたい人へむけた製品もふえています。マヨネーズという未知の味を日本に広めたキユーピーは、調味料や卵、野菜の研究をつうじて、さまざまな商品開発や新しい食生活の提案をおこなっています。

マヨネーズのおいしさを守るくふう

　キユーピーは、1926年に世界ではじめて真空ミキサーを使ってマヨネーズをつくりました。マヨネーズにふくまれる植物油が酸素にふれて、味や香りがわるくなるのをふせぐためです。その後も、酸素をとおしにくい素材を使ったポリボトル容器の採用や、アルミシールでボトルの口をふさぐなどの改良をくわえています。2002（平成14）年には、植物油にふくまれる酸素を取りのぞく「おいしさロングラン製法」を開発。賞味期限は、それまでの7か月から10か月にのびました。

アルミシールでボトルの口をふさぎ、外から酸素がはいるのをふせぐ。

容器内のわずかな酸素を、窒素をふきこむことで追いだしている。

キユーピーのマヨネーズ工場のひみつ

マヨネーズは家庭でもつくることができますが、工場には、おいしいマヨネーズをつくるためのひみつがかくされています。製造工程にそって紹介しましょう。

❶原材料をうけいれる
安全でおいしいマヨネーズをつくるため、原材料の検査をして品質を確認する。

❷卵をわる
1分間に600個のスピードで卵をわり、自動的に卵黄だけを取りだす。清潔にたもつために、機械は2時間ごとに洗う。

❸材料をまぜる
卵黄に酢・食塩・香辛料をくわえてまぜ、さらに植物油をくわえて乳化（油と酢を卵黄の力で安定した状態にすること）させる。

手づくりのマヨネーズ

キユーピーマヨネーズ

キユーピーマヨネーズは、手づくりマヨネーズにくらべて油の粒がこまかくなめらかで、まろやかな味。

❹ボトルの口をカットする
内部に切りくずがはいらないように、ボトルの口を下むきにした状態で切る。

第1章 食品・文房具・おもちゃ

❼外袋にいれる
外袋にいれて、包装する。

❺マヨネーズをボトルにいれる
ボトルにマヨネーズをいれる。ボトルは、酸素をとおしにくい素材を使用していて、マヨネーズを酸化から守る。

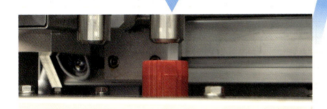

❽箱につめる
箱詰めはロボットがおこなう。

❻キャップをしめる
酸素をふくんだ空気を窒素で追いだしたあと、キャップをしめて、賞味期限を印字する。

学べる施設　キユーピー五霞工場
茨城県猿島郡五霞町

　全国5つの工場（五霞・富士吉田・挙母・伊丹・鳥栖）では、工場見学（オープンキッチン）をおこなっている。ビデオや製造ラインを見ながら、マヨネーズやドレッシングのできるようすが学べる。

ひとつのキャップで2通りの使いかたができる

細口 少しずつマヨネーズがでて、絵もかける。

星形 マヨネーズがたっぷりでる。

環境にやさしい粘着テープ
セロハン粘着テープ
ニチバン株式会社

セロハン粘着テープの代名詞

生活のなかで欠かせないものになっている便利な文房具の「セロテープ」。このセロテープという名前は、ニチバンの登録商標であって、固有名詞です。このタイプのテープは「セロハンテープ」や「セロハン粘着テープ」というのが正しいのですが、ほかの会社の商品もふくめて、多くの人が「セロテープ」とよぶほど、この名前は世のなかに浸透しています。

セロテープ誕生のきっかけ

セロハン粘着テープのはじまりは、1930（昭和5）年に、アメリカの3M社で開発された「スコッチテープ」です。当初は、自動車を塗装するときのマスキングテープ（保護テープ）として使われていました。

歌橋憲一
歌橋製薬所（ニチバンの前身）の創業者。

セロテープ
1948年発売

写真は2014年現在の製品。

ニチバンの前身である「歌橋製薬所」は、1918（大正7）年の創業です。ぬり薬の開発からスタートし、ばんそうこうなどの医療用粘着テープで実績をあげていました。創業者の歌橋憲一はスコッチテープを見て、「これからきっと、日本でも売れるようになる」と、その将来性を確信し、自社でもセロハン粘着テープの開発に乗りだします。

太平洋戦争終結後、日本に駐留したGHQ（連合国軍最高司令官総司令部）では、新聞や雑誌、手紙などの内容を取り調べる検閲をおこなっていました。開封して内容を検閲した手紙に、また封をするのですが、その際に

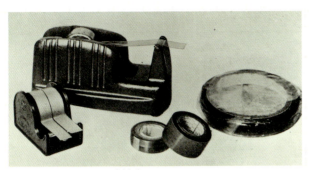

開発当初のセロハン粘着テープとカッター。

セロハン粘着テープが必要でした。GHQは、アメリカから調達したセロハン粘着テープを使っていましたが、輸入がおくれて品不足になったので、日本でおなじようなテープをつくれるところをさがしていました。

そうして、1947年、日絆工業（もとの歌橋製薬所、のちのニチバン）に、セロハン粘着テープの発注がもたらされました。会社にとっては大きな利益がみこめるチャンスです。総力をあげて開発に取り組み、わずか1か月後には試作品をGHQにとどけました。短期間のうちに試作品を完成させた日本の技術の優秀さに、GHQは感心したといいます。

しかし、試作品には欠点がありました。原材料として使っていた合成粘着剤は、夏場はよくても、冬になると粘着力がなくなってしまうものでした。そこで原料を見直すところから研究をかさね、天然ゴムを使うことで、冬でもかたまらない粘着剤の開発に成功します。そして翌年、最初の粘着テープをGHQにおさめることができました。その品質は、GHQの将校たちから高い評価をえるものでした。

昭和時代の後半まで、セロハン粘着テープの幅は12mm、18mm、24mmが主流でしたが、これはアメリカの長さの単位であるインチをもとにして、2分の1インチを12mm、4分の3インチを18mm、1インチを24mmとさだめていたからでした。

GHQに製品を納品するのと並行して、ニチバンはさらに改良をすすめ、セロハン粘着テープの品質はどんどん向上していきました。1948年6月、印象的な赤・白・青のパッケージの「セロテープ」が発売されます。

ところが、セロテープは当初、期待したほど売れませんでした。まだ世のなかに、セロハン粘着テープが貼る道具として知られていなかったからです。また、薬品メーカーだったニチバンに、セロテープを販売するルートがなかったことも原因でした。それでも、文房具業界への営業活動や、宣伝カーを使った広報活動をおこなうことで、セロテープはしだいに知られるようになっていきます。

発売当初のセロテープの宣伝カー。

研究をかさねて問題点を克服

セロテープの存在が知られるようになる一方で、製品への苦情もよせられるようになります。「くっつきすぎてはがせない」とか、「無理にはがすと、セロハンフィルムと粘着剤の部分がはがれてしまう」というものでした。

これは、当時のセロテープがセロハンと粘着剤の二層構造だったためにおこった問題でした。セロハンと粘着剤はしっかりとくっついている必要がありますが、セロテープはロール状のため、テープの接着面と背面とは、はがれやすくなければいけません。くっつける技術とはがす技術の正反対の内容を研究する必要がありました。かぞえきれないほどの実験をして、ニチバンはセロハンの接着面と背面のそれぞれに適した加工をすることに成功しました。接着面には、粘着剤とセロハンのあいだに下塗り剤をほどこすことではがれにくくし、背面には、はく離剤をほどこしてはがれやすくする、という四層構造です。セロテープの厚さは、わずか20分の1mmですが、4つの層からできているのです。

「テープがななめに切れてしまう」というのも、セロテープの課題でした。これには、テープカッターの材質や形状を苦心して研究し、直線に切れるように改良することで対応しました。

環境にやさしい原材料を使用

セロテープはビニールのようにも見えますが、セロハンは紙とおなじ木材チップとよばれる木のくずを原材料としています。粘着剤には、天然ゴムやマツなどの樹液からつくられる天然樹脂が使われています。天然ゴムはタイ、スリランカ、インドネシア、マレーシアなどの東南アジア諸国から輸入しています。

いずれの原材料も天然素材なので、廃棄後は植物とおなじように分解されて土にかえります。燃やしても、有毒ガスが発生することはありません。65年以上も昔から、セロテープは環境にやさしい製品だったのです。

1951年ごろのセロテープのパッケージ。

セロテープの四層構造

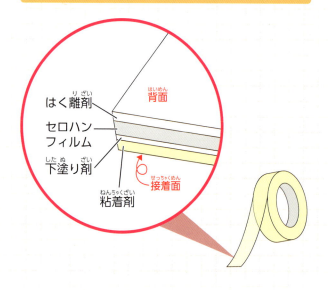

用途におうじたさまざまなセロテープ

セロテープ 小巻 カッターつき

使いやすいデザイン。刃はプラスチック製。

セロテープ 大巻 クリーンルーム用

プラスチックの巻心を採用した製品。巻心が紙ではないので、紙のこまかいゴミがとびちらない。工場内のクリーンルーム（空気が清浄にたもたれた部屋）での使用に適している。

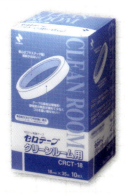

セロテープ イージーオープン

セロテープ 着色

セロテープの着色品。色による識別などに便利。

テープカッター 直線美®

でこぼこの少ない刃を採用したテープカッター。テープの切断面がギザギザにならず、きれいな仕上がりになる。

刃のでこぼこが少ないので、テープの切り口は、まっすぐになる。

セロテープの中央には粘着剤がついているが、左右の端にはついていないので、つまみやすく、はがしやすい。弁当の容器のふたをとめるときなどに使われる。

自転車のペダルとおなじ原理を応用
ハンディ鉛筆削り

株式会社ソニック

鉛筆をもちかえずに削れる

小型のハンディ鉛筆削りは、ペンケースにいれてもちはこびができて便利です。しかし、使うときには鉛筆を何回転もさせなければいけないため、手をひねって鉛筆をもちかえる動作を何回かくりかえす必要があります。

ところが、文房具メーカーのソニックが2014（平成26）年に発売した鉛筆削り「ラチェッタワン」は、鉛筆をもちかえる必要がありません。鉛筆をもった手を左に右に数回ひねるだけで、かんたんに鉛筆が削れます。

また、鉛筆をさしこむ穴には、鉛筆をさすとひらき、ぬくととじる特殊なふたがついていて、鉛筆の削りかすがとびちる心配がありません。

ひみつは「一方向にだけまわる歯車」

左右にひねるだけで鉛筆が削れるのは、「ラチェット機構」というしくみが、鉛筆削りのなかに組みこまれているからです。

ラチェット機構は、自転車のペダルなどで使われている構造で、歯車が回転できる方向を一方通行にして、逆方向にまわそうとすると歯車の回転がとまるしくみのことです。

ラチェッタワン
2014年発売

イエロー、ブラック、ブルー、ピンクの4色が発売されている。

鉛筆を左右にひねるだけでよく、鉛筆をもちかえる必要はない。

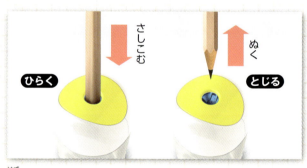

削りかすがとびちらない「シャッターキャップ」で、ペンケースや床をよごす心配がない。

◀ラチェット機構の原理▶

右の図はラチェット機構の原理をあらわしています。歯車は、左方向には回転しますが、右方向へ回転させようとすると、歯車がつめとかみあって固定されます。

ラチェッタシリーズは、この原理を応用したもので、歯車には刃がとりつけられています。鉛筆を右に回転させると、歯車が固定されるので、鉛筆だけが回転して削られます。鉛筆を左に回転させると、歯車が空まわりして鉛筆は削られません。

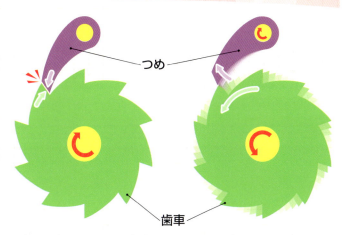

右へ回転させると、歯車はつめとかみあって固定される。

左へ回転させると、歯車はつめを乗りこえて回転（空まわり）する。

自転車の場合、このラチェット機構によって、ペダルをこぐときはしっかりと足の力がかかりますが、逆回転させると、ペダルは空まわりします。

ラチェッタシリーズは、ラチェット機構を鉛筆削りに組みこむことにより、歯車が回転する方向に鉛筆をひねると空まわりし、歯車が固定される方向にひねったときに鉛筆が削れるようにしました。そうすると、鉛筆をもちかえずに、左右に何度かひねるだけで削ることができるのです。

「日本文具大賞」を受賞

ソニックは、従来の半分の力でハンドルをまわすだけで鉛筆が削れる「かるハーフ」や、短い鉛筆でも削りやすい「ラチェッタ カプセル」などを発表してきました。ソニックが発表する文房具には、従来の不便な部分をおぎなって、子どもでも使いやすい商品をつくるという開発の姿勢があらわれています。このようなつみかさねのなかで生まれたラチェッタワンは、その性能がみとめられ、2014年の日本文具大賞・機能部門のグランプリを受賞しました。

ラチェッタカプセル
2013年発売

ラチェット機構でかんたんに鉛筆が削れて、芯先も2段階に調整できる。

キャップを利用すれば、短い鉛筆も削りやすい。

おすだけですぐ情報がかくせる
個人情報保護スタンプ

プラス株式会社

もとめられていた情報を守る文房具

自宅や会社にとどく郵便物などは、名前や住所などが書かれているので、そのまますてると外部に個人情報がもれるおそれがあります。少ない枚数なら手でやぶいてすてられますが、大量の書類だと、すてるだけでたいへんな手間がかかってしまいます。

2007（平成19）年にプラスが発売した個人情報保護スタンプ「ケシポン」は、情報がしるされている部分にスタンプをおして、アルファベット印字パターンを印字することで、情報を判読できないようにする文房具です。

ケシポンが発売される以前には、紙に穴をあけたり、何枚もの刃で紙を切りきざんだりして情報を読めなくする文房具がありました。ケシポンは、スタンプをおすだけのかんたんな操作で安全に情報がかくせます。

ケシポンのようなかんたんに個人情報を守る文房具は、多くの人びとにもとめられていました。発売以来、国内だけでなく、アジアやアメリカ、ヨーロッパへも輸出されるほど反響をよび、シリーズ累計900万個を販売する大ヒット商品に成長しました。

ケシポン
2007年発売

海外で発売されているケシポン。アメリカ、カナダ、台湾、香港、シンガポール、韓国、ドイツなど、海外への販売も拡大している。

個人情報への意識の高まりがきっかけ

ケシポンの開発のきっかけは、日本の社会全体の個人情報に対する意識の高まりでした。2005年には個人情報の保管や取りあつかいを明確化するための法律「個人情報保護法」が施行されました。

情報を守るための設備にそれほどお金をかけられない商店や個人、とくに女性にとっては、個人情報の流出をどうやってふせぐかと

いうことは、関心の高い話題でした。

プラスでは、そのような状況をくみとり、2006年に開催された国内の文房具の展示会に、当時開発していたケシポンの前身となるスタンプを出品しました。

スタンプをおすだけで宛名がかくせるというアイデアへの周囲の評価はまずまずでしたが、試作品の「＋」と「×」を組みあわせた印字パターン（下の図）では文字がかくしきれず、改良の必要がありました。

100種類以上のパターンをためす

そこで、情報をかくす印字パターンの研究に乗りだします。紙幣に印刷されているようなこまかい曲線を連続させたもようや、タイヤ柄、星型などをためしましたが、印刷された文字とケシポンのインクの質感の差により、かえって印刷の文字がうきでてしまいました。

試行錯誤をつづけるなか、開発チームは、「文字で文字をかくす」というアイデアを思いつきます。そして、漢字、ひらがな、カタカナ、数字、アルファベットを組みあわせたパターンを100種類以上作成し、約1年間、読みにくさを検証するという地道な作業をくりかえしました。

「見えないが、文字が想像できてしまう」「書体によって効果に差がある」「見た目がわるい」など、さまざまな問題があらわれましたが、それらをひとつひとつ解決し、最終的にいきついたのが、アルファベットの大文字を組みあわせた、現在のケシポンに使用されている印字パターンでした。

印字パターンには、I、O、Cなどの余白が多いものは使用せず、文字の密度が濃い10文字（A、B、E、G、H、K、M、V、W、X）を選んで配列しました。また、使用する

印字パターンの研究

初期の印字パターン

ケシポンと同時期に開発していた製品とおなじものを使用。直接捺印するスタンプ式では効果が薄い。

パターン配列の完成

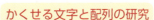

密度が濃いアルファベット10文字を使用。さまざまな書体の文字をかくすことが可能。

星型などのもようパターン

規則的にならぶ記号のなかに不規則なもようがあると、目で不規則な部分を追い、文字を認識してしまう。

かくせる文字と配列の研究

目の錯覚を利用したモアレパターン

文字を文字でかくすパターンがもっとも効果があることが判明。

インクも、ケシポン専用の濃くてはっきり印字ができ、できるだけはやくかわくものをインクメーカーに製造してもらいました。さらに、インクのなかの顔料を可能なかぎり多くして、長く使用しても色ムラがおこりにくいようにもしました。

用途別に広がる「ケシポン」シリーズ

こうして完成したケシポンは、現在、さまざまな用途にあわせてシリーズが展開されています。印字部分がローラー状になっていて、ローラーを回転させた距離だけかくせる「ローラーケシポン」、印字部分が回転し、連続して使用できる「早撃ちケシポン」、超小型ではがきなどに便利な「ちょい押しケシポン」、修正テープ式の「一行ケシポン」など、たくさんの種類が販売され、色や形といったデザイン面での広がりも見せています。

「ケシポン」という商品名はたくさんの候補のなかから、個人情報をかんたんにかくせるスタンプという性能がだれにでも説明できる名前として選ばれました。会社などでは、個人情報をかくすことが「ケシポンする」といわれることもあるようです。こうしたことばの登場は、ケシポンが広く普及していることのあらわれといえます。

「ケシポン」シリーズ

使用する場面にあわせて、さまざまな種類の製品があります。

早撃ちケシポン
2008年発売

1回おすごとにスタンプ面が回転し、インクを補充する。

ちょい押しケシポン
2008年発売

グリップをおしてスライドさせると、スタンプ面がでるようになる。

一行ケシポン
2009年発売

テープ転写式なので、1文字から1行までかくせる。

ローラーケシポン
2010年発売

スタンプの部分がローラー状になっていて、凹凸があっても使用できる。

ローラーケシポンミニ
2012年発売

消しゴムのように小さいコンパクトサイズ。

だれもが知っているくっつける用具の草わけ
接着剤
セメダイン株式会社

「接着剤」の生みの親

家庭や学校、職場などで、接着剤を使う機会はたくさんあります。ホームセンターの販売コーナーでは、使う目的にあわせたさまざまな種類の接着剤が売られています。なかでも、「セメダインC」は、1938（昭和13）年に発売されて以来、長く利用されている商品です。

セメダインCの生みの親は、セメダイン株式会社の創業者・今村善次郎です。今村は、セメダインCの前身となる国産初の化学接着剤「セメダイン」を1923（大正12）年に完成させました。

1890（明治23）年、富山県に生まれた今村は、東京で夜間中学校を卒業し、みずから開発した家具用のワックスや靴墨、外国製の接着剤を売っていました。イギリス製の「メンダイン」や、アメリカ製の「テナシチン」などの外国製の接着剤は、ニカワ（動物の皮などを煮た汁をさましてかためたもの）を原料としたもので、たいへん人気がありました。大正時代の日本の化学工業は欧米諸国にくらべておくれていて、国産の接着剤としては、でんぷんを原料とした「のり」が広く使われていました。しかし、すぐにかたまりやすいという難点もあり、外国製の接着剤のほうが人気があったのです。

そもそも当時の日本には、「接着剤」ということばさえありませんでした。いまでは当たり前に使われている「接着剤」ということばは、じつは、今村がつくったのです。

接着剤のように地味な製品を国産化しようとする者はいませんでしたが、今村は、「今

今村善次郎
セメダインの生みの親で、セメダイン株式会社の創業者。

写真は2014年の製品。

セメダインC
1938年発売

後も接着剤の需要はふえつづけるはずだ」と考え、開発をスタートさせました。借家の一室を研究室にあてて、部屋中をベタベタにしながら研究をつづけたそうです。それまでの接着剤は缶入りのものが多かったのですが、今村は、チューブ詰めにしてもかたまらない接着剤を開発しようと決意しました。

そして、苦労のすえに完成したのが国産初の化学接着剤セメダインです。セメダインという製品名は、接合剤としての「セメント」と、力の単位をあらわす「ダイン」との造語で、「強い接合・接着」という意味がこめられています。また、イギリス製の接着剤メンダインを「攻め（セメ）だす」という意図もあったというような、接着剤の開発に情熱をそそいだ、今村らしい逸話もあります。

セメダインの進化

初代セメダインについては、残念ながらくわしい記録がのこされていません。1927年に、それまでの国産のりを大幅に改良した「桜のり」が発売され、ついで「セメダインA」が発売されました。セメダインAは、国産の製品ということもあって、多くの支持をえて、予想を上まわる売れゆきでした。

しかし、今村は満足しませんでした。セメダインAは、従来の外国製品とおなじようにニカワが原料で、熱や水に強い接着剤とはいえませんでした。その後、今村はセメダインAを改良し、牛乳にふくまれるミルクカゼインというタンパク質の一種を原料とする接着剤「セメダインB」を開発しました。セメダインBは期待したほど売れませんでしたが、セメダインAにくらべて、水に強いという長所がありました。

今村はさらに、新しい接着剤の開発に取り組みます。セメダインAとセメダインBは、いずれも天然素材を原料としていましたが、そのかわりにニトロセルロースという人工の材料を使った接着剤「セメダインC」を開発します。「なんでもよくつくセメダイン。無色透明、耐水、耐熱、速乾性よし」というキャッチフレーズどおりのすぐれた品質は評判となり、セメダインCは大ヒット商品になりました。今村の願いどおり、外国製の接着剤を攻めだすことに成功したのでした。

2013（平成25）年、ロングセラーとなったセメダインCは、国立科学博物館の重要科学技術史資料（未来技術遺産）に登録されました。

1930年代の模型飛行機ブームや、1950〜1970年代のプラモデルブームのとき、セメダインCは、模型づくりの必需品として、全国で使われるようになった。

第1章 食品・文房具・おもちゃ

うけつがれるセメダインCの伝統

現在では、用途にあったさまざまなセメダインを開発しています。

家庭用セメダイン

「スーパーX」は、水や熱に強く、耐久性にすぐれているので、屋外でも使えるのが特徴です。
2〜4分でかたまる超速硬化の「スーパーXゴールド」や、これまでつきにくかったプラスチックも接着可能な「スーパーXハイパーワイド」などのシリーズがあります。どちらのチューブにも、黄色い帯に赤で大きくXの文字がえがかれています。この色づかいにも、セメダインCの伝統がうけつがれています。

セメダイン スーパーXゴールド

セメダイン スーパーXクリア

工業用セメダイン

電気をとおす導電性接着剤でありながら、低温でかたまる性質と柔軟性をもつ「SX-ECA48」は、電気回路の基板などに使われています。

このような基板の接着などに使われる。

建築用セメダイン

建築現場でのいそぎの補修などに使われている「セメダインハイクイック」は、金属、コンクリート、タイル、木材、硬質プラスチックの接着に適しています。

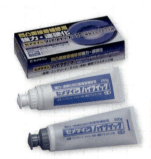
セメダイン ハイクイック

接着剤が手についてしまったら？

　接着剤がかたまる前であれば、小麦粉を手によくなじませてから、水洗いしましょう。べたつきがのこってしまった場合は、食用油をなじませてから、石けんでよく洗ってみてください。
　瞬間接着剤が手についてしまった場合は、無理にはがそうとすると、ケガにつながることがあります。あわてず、40℃くらいのぬるま湯に手をつけて、ゆっくりもみほぐしてください。指に接着剤のかたまりがのこってしまったときは、マニキュアの除光液などをぬって、少しずつ落としましょう。

大人にも子どもにも大人気の模型
自動車プラモデル

株式会社タミヤ

子どもから大人まで幅広い人気

タミヤが1982（昭和57）年に発売した自動車プラモデル「ミニ四駆」は、2014（平成26）年現在までに1億7500万台を販売した大ヒット商品です。

ミニ四駆の「四駆」とは、4つのタイヤを動かして走行する四輪駆動の車のことです。乾電池の電力でモーターを回転させ、その動力をギアやシャフトに伝えて、前後4つのタイヤを動かして走行します。組み立てはかんたんで、接着剤は必要ありません。

ミニ四駆は、ただ組み立てて走らせるだけでなく、モーターや車体（シャーシ）などの部品をかえることで、スピードや安定性を調節することもできます。また、シールや塗料などを使って、自分のこのみにあわせて、自由にデザインすることもできます。プラモデルをはじめてつくる子どもや、自分の好きなモデルに改良したい大人も、それぞれたのしめる自動車プラモデルなのです。

子どもでもつくれるプラモデルの開発

ミニ四駆の開発は、当時の田宮模型（のちのタミヤ）の社長・田宮俊作が、プラモデル

ミニ四駆

フォード・レインジャー4×4
1982年発売
初期のミニ四駆。実際の車を忠実に再現したモデルで、現在のようにスピードを競うタイプではなかった。

ライキリ
2015年発売
スポーツカーをイメージしたデザインのモデル。組み立てやすく、整備もしやすくなった。

◀ ミニ四駆の特徴 ▶

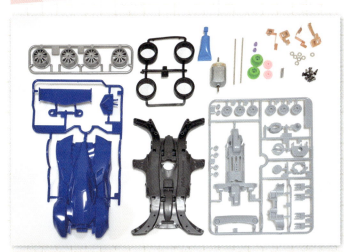

ミニ四駆のパーツ。接着剤が不要で、車体部分のパーツは、ニッパーやカッター、ドライバーなどの身近な工具だけで組み立てられる。タイヤやモーターなどもパッケージにはいっている。

ミニ四駆のパッケージ

ボデイの上部を取りはずしたミニ四駆。電源となる単3形乾電池2本が見える。

完成したミニ四駆

を組み立てるにはこまかい作業が必要だったので、もっと手軽に、小さな子どもでもつくれる製品があってもいいのではないかと思ったのがきっかけでした。

当時のプラモデルは、実際の車などの題材を精密に再現する製品が主流となっていました。小さい部品も多く、子どもがかんたんに組み立てられるものではありませんでした。田宮は、目がつかれるようなむずかしい作業をへらせば、子どもでもつくりやすくなり、プラモデルのファンもふえるのではないかと考えたのです。

そこで、子どものおこづかいでも買える数百円台の価格で、部品はなるべく少なくして、接着剤を使わずに手軽につくれるプラモデルの開発をすすめました。

人気ラジコンカーのデザインを採用

1982年、タミヤは、当時人気のあった車をモデルにしたミニ四駆「フォード・レインジャー4×4」と「シボレー・ピックアップ」を発売しました。

しかし、実際の車を忠実に再現したデザインは、思ったほどの人気をえられませんでした。そこで、タミヤは、ある有名アニメーターの「子どもがかっこいいと思えるデザインをミニ四駆に取りいれたらどうか」というアドバイスに着目します。

1986年、タミヤは、当時人気のあったラジコンカー（タミヤRCバギー）をモデルにした「レーサーミニ四駆シリーズ」を発売します。すると、このミニ四駆は、またたくま

に子どもたちのあいだで大ブームになり、マンガやアニメなどにえがかれるようにもなりました。また、1988年からは、ミニ四駆の全国大会「ミニ四駆ジャパンカップ」が開催されるようになります。決められたコースでミニ四駆を走らせ、スピードを競うレースは、子どもだけでなく、ミニ四駆を改造してたのしむ大人もまきこんで、大きなもりあがりをみせました。

ファンのアイデアで進化する

発売から30年以上がすぎた現在のミニ四駆は、発売当時とくらべて、さまざまな進化をとげています。マシンの新しい機能には、ミニ四駆ファンのアイデアを取りいれたものもあります。

ミニ四駆はタイヤの方向をかえる機能はないので、基本はまっすぐに走ります。そのため、レースなどでコースを走らせたとき、コーナーをまがりきれずに、コースアウト（コースからのとびだし）してしまうことが、過去には多く発生していました。

これを解決したのが、車体の前後に取りつけられたローラーです。このローラーがコーナーの壁にふれて回転するので、車体のむきがスムーズにかわり、コーナーにそってまがれるようになったのです。じつは、このしくみは、ミニ四駆ファンのアイデアをもとに考えられたものでした。

ローラー。車体の前とうしろに左右2つずつある。コーナーなどで、コースアウトするのをふせぐために取りつけられている。

ミニ四駆の交換パーツ「ベアリングローラー」。ローラーには、大きさや素材のちがうさまざまな種類がある。

スタビライザーポール

また、「スタビライザーポール」という部品もファンのアイデアから生みだされました。スタビライザーポールは、車体のバンパー部分などに取りつける先端が丸い棒で、車体の転倒をふせぐための部品です。これは、裁縫のまち針をたばねてバンパーに立てていたファンのアイデアがもとになっています。

こうしたファンのアイデアや思いにこたえるタミヤのものづくりが、現在までつづくミニ四駆の人気をささえているのです。

多くのファンがたのしめる世界観

ミニ四駆は、公園や広場などで走らせるだけでもたのしめますが、ミニ四駆専用のコースを走らせる大会に参加してみるのも、たのしみかたのひとつです。タミヤが主催してい

「ミニ四駆ジャパンカップ2014」の告知。この大会で使用されたのは、全長232mの大きなコース。アップダウンや急コーナーなど、さまざまな障害がつくられている。

「ミニ四駆ジャパンカップ2014」の会場（東京都江東区）。北海道から九州まで全国15か所で予選がおこなわれ、合計2万6000人以上もの参加者を集めた。

る公式レース「ミニ四駆ジャパンカップ」以外にも、コースを設置している全国のホビーショップなどで、さまざまなレースが開催されています。

2014年に開催された「ミニ四駆ジャパンカップ2014（第14回大会）」では、オープンクラス（年齢制限なし）、ジュニアクラス（小学4年生から中学3年生）、ファミリークラス（小学3年生まで、またはマシンを共同製作した中学3年生までの親子）、チャンピオンズ（2013年以降のミニ四駆公認競技会のオープンクラス優勝者）の4クラスでレースがおこなわれました。予選大会は全国15会場でおこなわれ、チャンピオン決定戦をめざして多くの参加者が集まりました。ミニ四駆ジャパンカップは、1988年の第1回大会から累計100万人以上のミニ四駆ファンが参加する、一大イベントに成長しています。

世代と国境をこえて広がるミニ四駆

ミニ四駆は、専用コースでスピードを競いあう「オンロードタイプ」と、コース以外でも力強く走行する「オフロードタイプ」を中心に、2014年までに、300種類以上のモデルが発売されています。

ミニ四駆は発売から30年以上が経過しました。発売当時、ミニ四駆で遊んでいた世代が親になり、現在は、親子でミニ四駆の大会などに参加する人もふえています。

海外でもミニ四駆ファンがふえてきました。ホビーショップ以外にも、屋内の遊び場などでコースを設置しているところがあります。

だれもが手軽にたのしめるプラモデルとして、あるいは、大きな大会でスピードを競うレーシングマシンとして、ミニ四駆は進化をつづけています。

子どものことを考え、機能・品質・素材にこだわった
ランドセル
株式会社セイバン

天使のはね
2003年発売

写真はモデルロイヤル（男の子用）。2013年より販売。

天使のはねシリーズのランドセルの肩ベルトにはいっている、半透明の樹脂パーツ。

ランドセルの起源は江戸時代？

　小学生が毎日背負うランドセルは、いつから使われているのでしょうか。日本のランドセルは、江戸時代末期に西洋式の軍隊制度が取りいれられた際、布製の「背のう（リュックサック）」が輸入され、軍用として使われたことが起源とされています。

　1885（明治18）年に、学習院が背のうに学用品類をつめて通学させることを決めたことで、通学カバンとして使われはじめ、戦後には、全国の小学校においてランドセル通学がふつうになっていきました。

　現在では、外国でもそのじょうぶさなどから人気が高まり、日本旅行のおみやげとしてランドセルを購入する観光客もいるほどです。

　そんな歴史をもつランドセルにおいて、業界に新しい風をふきこんだ商品があります。それが、2003（平成15）年にセイバンから発売された「天使のはね」です。

試行錯誤のすえに完成

　セイバンは、大正時代に創業した歴史のある会社です。1946（昭和21）年に、いまの兵庫県たつの市にランドセル工場をつくり、本格的なランドセルの生産をはじめました。

　その後は、子どもにとって使いやすく、体への負担を軽減させるランドセルの開発に取り組み、さまざまなランドセルを製造しました。天使のはねも、そのなかのひとつです。

　天使のはねの開発は、ランドセルづくりに情熱をそそいでいた当時の専務の「ランドセルの肩ベルトを立たせてみたらどうか」ということばがきっかけではじまりました。ランドセルが背中の上のほうにくるように肩ベルトを立たせると、ランドセルの重心があがっ

第1章 食品・文房具・おもちゃ

商品大解剖　6年間ささえるための機能

軽く感じる

肩ベルトを立たせることで、荷物が背中の上部にくるようにし、重く感じさせない。

背負いやすさ

肩でしっかりとまってフィットするパッドをもちいることで、ずれにくいつくりになっている。

じょうぶさ

強い力をうけてもすぐにもとにもどる機能がそなわっているので、型くずれをおこさない。

使いやすさ

ランドセルから荷物がとびださないように、とめ具にオートロックの機能がそなわっている。

耐久性

水をはじく効果のある素材を使うことで、雨の日でも安心して背負うことができる。

体にフィット

肩ベルトの通し金具にひねりをくわえることで、子どものわき腹にあたりにくくなり、フィット感をアップさせている。

安全性

反射材をランドセルの側面や肩ベルトに取りつけることで、交通事故をふせぐ効果がある。

収納力

高さと横幅のサイズをきちんと確保したうえで、奥行きもあるつくりなので、教材をゆうゆうとおさめることができる。

て軽く感じるようになり、肩への負担がへると、専務は考えたのです。

　これをうけて、新しいランドセルづくりがスタートしました。しかし、その道のりは、ひとすじなわではいきませんでした。

　天使のはねの肩ベルトのつけ根部分には、肩ベルトを立たせるための半透明の樹脂パーツがはいっているのですが、その部分の開発がむずかしく、何十回と試作がくりかえされました。さらに、ようやくの思いで試作品ができても、肩ベルトにいれたときにサイズがあわず、ミシンをかけられないといった問題もおこりました。そんな試行錯誤を3年ほどつづけ、ついに完成したのが天使のはねだったのです。

　天使のはねは、発売されるとまたたくまに評判をよび、翌年には社内で売り上げトップの商品となりました。その後も、肩ベルトのつけ根部分に微妙なかたむきをもたせたり、品質の高い素材を使用したりといった改良がくわえられ、現在も多くの子どもたちに愛用されています。

◀ランドセルの各部の名前▶

カブセ
教科書類などを雨からふせぐ役目をもっているランドセルのふた。

びょう
かざりとしてつけられた金具。安全面を考え、反射材を使ったものもある。

錠前差しこみ
錠前をとめる金具がついている部分。カブセの下に取りつけられている。

ダルマカン
ランドセル本体と下ベルトをつなぐ金具。形は丸く、回転するので、背負いやすい。

肩ベルト
ランドセルを背負うときに、腕をとおして肩にかけるベルト。

前ポケット
ランドセルのカブセをあけたところにあるポケット。刺しゅうのかざりがほどこされたものや、透明なポケットがついたものがある。

下ベルト
ランドセルの底からでているベルト。下ベルトは、とめ具によって肩ベルトとつながる。

ナスカン
ランドセルの側面に取りつけられたフック。安全性を考え、一定以上の重さがかかるとはずれるしくみのものもある。

背あて
ランドセルを背負ったときに、背中にあたるクッション部分。背中にふれる部分なので、通気性のよさやクッション性の高さが重要。

とめ具
下ベルトと肩ベルトをつなぐ金具。ベルトの長さを調節することができる。

もち手ハンドル
肩ベルトのつけ根部分についたもち手。もちはこぶときは、ここをもつとよい。

吊りカン
ランドセルをフックなどにかけるための金具。

小ナスカン
ものをひっかけるための金具。防犯ブザーなどをかける。

Dカン（ハートカン）
小ナスカンとおなじで、ものをひっかけるための金具。

第2章 家電製品・日用品

小さくてもプロ並みにとれる高機能・高性能

ミラーレスデジタル一眼カメラ

オリンパス株式会社

プロ顔負けの写真をとりたい！

　デジタルカメラが普及して十数年たち、わたしたちの生活に欠かせないほど身近なものとして定着しました。ふだんの生活や旅行で撮影した画像を自宅のパソコンへ取りこみ、ブログなどで多くの人に見てもらうことができるのも、デジタルカメラが身近になったおかげです。

　そんな時代に、「手軽にもち歩けるカメラでプロ顔負けの写真をとりたい」という人たちの期待をうけ、2009（平成21）年7月に、オリンパスから発売されたのが、ミラーレスデジタル一眼カメラの「PEN E-P1」でした。

一眼レフカメラの弱点を解消

　ミラーレスデジタル一眼カメラについてふれる前に、まずは一眼レフカメラがどのようなものかを説明しましょう。

　一眼レフカメラでは、ファインダー（のぞき窓）から見える像と実際に撮影される像はほぼおなじです。それは、カメラの内部に反射板（ミラー）とプリズム（ペンタプリズム）が組みこまれているからです。

OLYMPUS PEN E-P1
2009年発売

　レンズからはいってきた光は、反射板によって角度をかえ、さらにプリズムによって屈折されてファインダーにとどきます。これにより、ファインダーから見える人や風景は、実際に撮影される人や風景とほぼおなじになるのです。ちなみに、一眼レフカメラの「レフ」とは、リフレクター（レフレクター／英語で「反射板」の意味）を略したものです。

　しかし、一眼レフカメラには弱点がありました。それは、反射板を内蔵するスペースを確保するために、どうしてもカメラ本体が大きくなってしまうことでした。これは、フィルムを使用しないデジタル一眼レフカメラでも、おなじことです。

　この弱点を解消したのがミラーレスデジタ

ル一眼カメラのPEN E-P1でした。このカメラには反射板とプリズムがないので、一眼レフカメラよりも、本体は小さくつくられています。それでありながら、実際に撮影される写真とおなじ像をデジタル化して、液晶モニターやファインダー（電子ビューファインダー）で見ることができるので、一眼レフカメラとおなじように正確な撮影がおこなえます。また、内部の構造はコンパクトデジタルカメラと似ていますが、コンパクトデジタルカメラがレンズを交換できないのに対し、ミラーレスデジタル一眼カメラでは、望遠レンズや広角レンズなど、用途におうじてレンズを交換することができます。

つまり、ミラーレスデジタル一眼カメラは、小型・軽量でありながらも、一眼レフカメラの機能・性能の高さをあわせもつカメラなのです。

デジタル一眼レフカメラとミラーレスデジタル一眼カメラのちがい

デジタル一眼レフカメラのしくみ

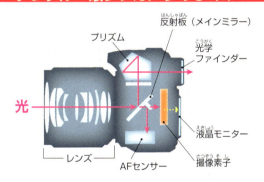

レンズからはいり、反射板とプリズムによって道筋をかえた光は、ファインダーへとみちびかれる。撮影時は反射板が上にあがり、撮像素子（画像を記録する部分）に光があたる。

ミラーレスデジタル一眼カメラのしくみ

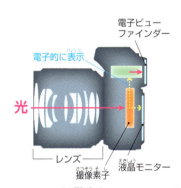

レンズをとおった光が撮像素子にあたり、その画像を液晶モニターや電子ビューファインダーで見る。内部に反射板がないので、本体は小型になる。
※電子ビューファインダーは搭載されていない機種もある。

ミラーレスデジタル一眼カメラの本体。レンズをはずすと、内部の撮像素子が見える。

ミラーレスデジタル一眼カメラで使用できる、さまざまな交換レンズ。

いまにつながる技術者たちのくふう

オリンパスは、フィルムカメラの時代から、小型・軽量を強みとしてきました。

1959（昭和34）年に発売された「オリンパス ペン」は、当時は高価だったフィルムの1コマの面積を半分にして、2倍のコマ数を撮影できるハーフサイズカメラです。フィルムの面積がふつうのカメラよりもせまいことをいかし、本体は小型・軽量につくられました。しかも、小型・軽量でありながら、プロカメラマンにも使用されるほどの高性能さをかねそなえていました。

「小型・軽量」と「高性能」という、相反するともいえる要素を両立したカメラを設計したのが、当時、オリンパスに入社してまもなかった技術者の米谷美久でした。

オリンパス ペンの設計は、「6000円で売るカメラ」をコンセプトとしてスタートしました。米谷は、価格が安くてもカメラの最重要パーツであるレンズの性能はゆずれないと考え、オリンパスの高級レンズのブランド「Dズイコー」のレンズを採用しました。かわりに、レンズ以外の部分で徹底的にコストダウンをはかることで、予算内で生産可能かつ高性能なカメラの設計を実現したのです。

こうして、開発されたオリンパス ペンは、市場からおどろきをもってむかえられ、カメラファンのあいだに「ハーフサイズカメラブーム」をまきおこしました。

さらに、オリンパスは、一眼レフカメラの小型・軽量化にも着手します。そして、試行錯誤のすえ、小型・軽量ながら高性能な世界初のハーフサイズ一眼レフカメラの開発に成

◀ オリンパスのカメラの変遷 ▶

1959年

オリンパス ペン
累計の販売台数が1700万台をこえるペンシリーズの初代。

1963年

オリンパス ペンF
フィルムの面積を半分にした世界初のハーフサイズの一眼レフカメラ。

2003年

オリンパス E-1
オリンパス初のレンズ交換式デジタル一眼レフカメラ。

功し、1963年に「オリンパス ペンF」という名前で発売されました。

より一層、身近なカメラへ

小型・軽量でありながら高性能なカメラの開発というオリンパスの強みは、時代がフィルムカメラからデジタルカメラへうつりかわっても、かわらずうけつがれました。

そして、2009年に発売されたのが、ミラーレスデジタル一眼カメラのOLYMPUS PEN E-P1でした。このカメラはミラーレスなので、内部には反射板もプリズムもなく、レンズの取りつけ位置から撮像素子までの距離は短くなっています。また、小型の撮像素子が採用されているので、本体は小型・軽量でありながら、高性能なカメラとして高く評価されました。

現在、オリンパスのミラーレスデジタル一眼カメラは、撮影した写真をセピア色にしたり、画像をぼかしたりといったフィルター効果をかけられることで、女性からの支持を集めているレトロな外観の「PEN」シリーズと、本格的にカメラをたのしみたい人たちのために開発された「OM-D」シリーズという、2つのシリーズが展開されています。また、カメラにWi-Fi機能（無線でネットワークに接続する技術）を搭載し、撮影した画像をカメラから、そのままスマートフォンやパソコンへ転送したり、友人と共有したりすることができる機能をもった機種も登場しています。

オリンパスのミラーレスデジタル一眼カメラは、もっと撮影しやすく、もっとたのしいカメラをめざして、さらなる研究と開発がつづけられています。

2013年

OLYMPUS PEN E-P5
PENシリーズの上位機種。高速シャッター機構やWi-Fi機能が搭載された。
（裏面）

OLYMPUS OM-D E-M1
防塵・防滴性能をそなえ、電子ビューファインダーを搭載した高級ミラーレスデジタル一眼カメラ「OM-D」シリーズの上位機種。
（裏面）

日本の炊事をかえた主婦の味方
自動式電気釜

株式会社東芝

不要になった火かげんの調節

　1955（昭和30）年、革命的ともいえる炊飯器が日本に登場し、世間の人びとをおどろかせました。「自動式電気釜 ER-4」というその商品は、東芝の前身である「東京芝浦電気」が発売した世界初の自動式電気釜です。

　この製品が発売される前、日本では、ご飯をたくときに羽釜とかまどが使われていました。しかし、これらを使って、ご飯をたく場合、火かげんを時間によって調節しなければならないので、だれかが見ていなければならないという問題がありました。

　しかし、そこへ登場した東芝の自動式電気釜によって、そうした作業は不要になりました。この製品は、またたくまに一般の家庭へと広まり、「主婦の睡眠時間を1時間のばした」といわれ、ヒット商品となりました。

温度変化を検知して自動で切れる

　東芝で新製品の開発リストに、自動式電気釜の名前があがったのは、1950年のことでした。自動式電気釜の開発は、ほかの会社で失敗におわっていて、当時は実現がむずかしいと考えられていました。そういった声に対して、果敢に立ちむかったのが、開発を社内で提唱していた家電営業部門の山田正吾と、関連会社の光伸社でした。

　山田から開発をたくされた光伸社の社長・三並義忠は、一家総出で開発のためのデータ

自動式電気釜 ER-4
1955年発売

提供：東芝未来科学館

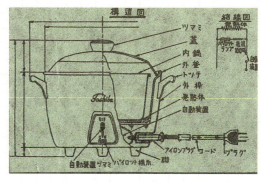

当時の広告の一部。自動式電気釜のしくみが説明されている。

外釜に少量の水をいれ、内鍋に、といだ米と必要な量の水をいれれば、あとは自動で、ご飯をたくことができるようになった。

を収集したり、実験にあたったりしました。

すると、おいしくご飯をたくためには、約98℃の温度で約20分、たきあげるのがよいということがわかってきました。あとは、いかにして、それを自動で実現するかです。

このとき、三並は、二重にした鍋の外側に約20分で蒸発する量（コップ1杯程度）の水をいれて加熱するという方式を思いつきました。この方式を使えば、外釜の水がなくなることで急激に上昇した温度をサーモスタット（温度調節装置）が検知し、自動でスイッチが切れるようになります。

サーモスタットには、バイメタル方式が採用されました。バイメタルとは、性質のちがう金属板を2枚はりあわせたものです。温度の変化によってまがることを利用して、スイッチを切ります。さらに、鍋の構造を二重から三重にしました。これにより、気温などの変化に左右されることなく、いつでも、ご飯をおいしくたけるようにもなりました。

こうして完成した東芝の自動式電気釜ER-4は、山田が全国の農村で実演販売をおこなうという営業努力のかいもあり、発売から4年で、日本の全家庭のおよそ半数にまで普及するほどの商品になりました。

自動式電気釜のその後

自動式電気釜ER-4のヒットをきっかけに、日本ではその後、さまざまな種類の炊飯器が生まれました。

東芝は、1960年代に、電気炊飯器に保温機能が一体化した保温付電気釜を、1993（平成5）年には磁力線を利用して釜自体を高い火力でいっきに加熱する「IH方式」の炊飯器を発売しました。日本初の炊飯器の発売から60年がすぎた現在、東芝の炊飯器はさらなる進化をつづけています。

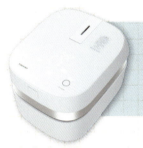

真空圧力IHジャー炊飯器
RC-10ZWH（W）
2015年発売

提供：東芝ホームテクノ株式会社

かまどでたいたようなおいしさを追求した商品。

学べる施設 東芝未来科学館
神奈川県川崎市

東芝未来科学館は、「人と科学のふれあい」をコンセプトにした施設です。施設内には、東芝のあゆみをふりかえることができるヒストリーゾーンなどがあり、さまざまな角度から科学をたのしむことができます。

ヒストリーゾーン。日本初、世界初となった東芝のさまざまな製品が展示されている。

ペンでえがく感覚を実現した電子文房具

液晶ペンタブレット

株式会社ワコム

かいた文字や絵が、そのままデジタル化

「ペンタブレット」は、鉛筆やボールペンを使って紙にかくのとおなじような感覚で、板状のタブレットの上に専用の電子ペンで文字や絵をかくことができる電子機器です。

なかでも、絵をかくペンタブレットと、絵をうつす液晶ディスプレイが一体化した「液晶ペンタブレット」は、スケッチブックを使っているような感覚で、文字や絵を直接うつしだすことができます。

どちらのタブレットも、かかれた文字や絵は、専用のソフトウェアをつうじて、パソコン内にデジタルデータとして保存することができます。

設計ソフトをより使いやすく

このペンタブレットの世界シェア（市場占有率）で8割以上をしめているのが、1983（昭和58）年に創業したワコムです。ワコムは、当時、コンピュータで配電盤などが設計できる「CAD」とよばれるソフトウェアの開発をおもな業務としていました。ワコムでは、CADで図面をえがくときに、紙とペンで設計図をかくような操作でデータをあつかえないかと考え、ペンタブレットの開発をス

Cintiq 13HD
2013年発売

厚さ14mm、重さ1.2kgという薄くて軽い液晶ペンタブレット。スケッチブックのように片方の手でもって使うことができる。

コードがなく、乾電池も必要ないので、ボールペンなどを使っている感覚で、さまざまな画風の絵が直接かける。

タートさせます。

そして、1986年、小型タブレット「WT-460M」を発売します。その後も、より自然なかきごこちをめざして製品開発がつづけられ、ペンタブレット「Intuos」シリーズや、液晶ペンタブレット「Cintiq」シリーズを発売しました。いまでは、イラストレーターやアニメーターなど、世界中のクリエイターが使用する製品にまで成長しました。

ペンと紙でえがく感覚を大切に

ワコムは、ペンタブレットを「ペンで紙にかく感覚」にこだわって開発しています。専用の電子ペンのなかには、わずか1gの筆圧を感知するセンサーがうめこまれているものもあります。そのセンサーにより、ボールペンよりも軽いタッチで、細い線や太い線のちがい、線の濃淡を再現することができます。

また、ペンをひっくりかえして逆側で画面をこすると、消しゴムに切りかわる機能もあります。これは、実際の消しゴムつきの鉛筆を使用している感覚から取りいれられた機能です。

また、デジタルならではの利点もあります。ペンのかたむきや角度、方向も認識できるので、スプレー状に色をふきつけるエアブラシのような表現や、筆でえがいた水墨画のようなタッチも、1本のペンで表現することができるのです。

身近に使われるペンタブレット

さまざまな人たちに使われているペンタブレットですが、とくにイラストレーターやマンガ家、アニメーターなど、絵をかくことを専門とする人たちに広く使われています。

色の変更やかきなおしなどが何度もでき、操作もペン1本でおこなえるので、たいへん便利です。完成した作品は、デジタルデータになるので、紙の作品のようにかさばることはなく、電子メールなどで手軽にやりとりができます。

また、ペンタブレットは、絵の制作だけでなく、銀行やホテルの受付端末や、支払いをクレジットカードでおこなう際のサイン端末、病院での診療記録（電子カルテ）の記入などにも利用されています。さらに、感覚的に使える利点をいかして、学校で子どもたちが使用する教材などにも使われはじめています。

Intuos comic
高性能ペンタブレット。液晶画面はないので、パソコンのモニターを見ながらえがく。

書類をこまかく細断して情報漏洩を防止
シュレッダー

株式会社明光商会

すばやく紙を細断できる機器

　情報化社会といわれる現代。わたしたちは、さまざまな手段で、手軽に大量の情報を手にいれることができるようになりました。

　たとえば、テレビ番組で何かのアンケートを取ろうとしたとき、インターネットを使えば、多くの人の意見を短時間のうちに入手することが可能です。

　しかし、こうした手段でえたテレビ視聴者などの情報は、本来の目的にのみ使用してよいものであり、目的以外には使用できませんし、外部にもれてもいけません。

MSX-F65
2014年

最大約65枚の紙を一度に細断できる高機能モデル。クレジットカードやCD、DVDなども細断できる。

　このような時代において、ますます必要性が高まっているのが、機密書類をこまかく切りきざんでくれる「シュレッダー」です。いまではさまざまなメーカーによって製造されている機械ですが、日本ではじめてシュレッダーを製造・販売したのが明光商会です。

製麺機をヒントに製造

　明光商会は、1959（昭和34）年に設立されました。その翌年に発売されたのが、明光商会のロングセラー商品となる「MSシュレッダー」で、創業者・髙木禮二により生みだされました。

　明光商会を設立する前の髙木は、コピー機の販売会社に勤務し、多くの企業のオフィスに出入りしていました。そのとき、髙木の目

**MSシュレッダー 1号機
プリマ350**
1960年発売

プリマ350のカタログ

第2章 家電製品・日用品

1995年に発売された家庭用シュレッダーのカタログ。

Se.cu.mo
2009年発売

カラフルで小型のデスクトップシュレッダー。つくえの上におくことができる大きさ。

MSO-2500
2012年発売

大型シュレッダー。1時間あたり2.5トンもの書類などの細断処理ができる（画像はCG）。

にとまったのがつくえの上につみあげられた書類の山でした。

「機密情報がかかれた書類があふれかえったままではよくないのではないか、きちんと管理すべきではないか……」

そう考えた髙木は、企業にあふれた機密書類を処理する製品について思案します。そして、印刷された文字を薬品で消すとか、紙を凍らせて粉砕するなどといったアイデアを思いつきました。しかし、これらのアイデアは実現が困難なものばかりでした。

そんなある日のことです。髙木は、昼食をとるために立ちよった立ち食いそば屋で、調理場におかれていたうどん玉を目にしました。そのとき、髙木は、うどんを細長く切る製麺機の原理を応用すれば、紙を細長くきざむ機械をつくれるかもしれないと思ったのです。

こうして、1960年に完成したのがMSシュレッダーでした。しかし、髙木の思いとは裏腹に、当初は販売が思わしくない状況がつづきました。当時はまだ、企業には、書類の処分にお金をかけるという考えが根づいていなかったのです。

ところが、その後、高度経済成長の追い風に乗って産業界に新商品の開発競争などがおこると、企業間でのスパイの横行や、機密情報の漏洩（もれること）が社会問題になりはじめました。

こうして、機密情報処理についての認識をあらためた企業から、明光商会にMSシュレッダーの注文があいつぐようになり、販売台数がのびていきました。

さらに、その後、麺状に細断された紙くずを横切りのカッターでこまかくする機種や、ビデオカセット、フロッピーディスクなどを細断する機種も開発します。現在では、個人のプライバシー保護の観点から、シュレッダーは家庭にまで普及するようにもなりました。

◀ MSシュレッダーのおもな機能 ▶

MSシュレッダーには、書類などを細断するためのさまざまな機能がそなわっています。そのうちのおもなものを紹介します。

カット方式

ストレートカット
縦方向にそば状に細断するもっともシンプルなカッターで、シュレッダーの発明当時から使われている。

スパイラルカット
縦横のカットを2段階にすることで、細断くずを小さくすることと、最大細断枚数をふやすことを同時に実現。

 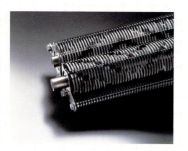

ワンカットクロス
ワンカットカッターで一度に縦切り・横切りの細断をおこなうことで、極小細断も可能にした。

パワークロスカット
すばやくパワフルに書類を処分することが可能なカット方式。大量の書類の細断にむいている。

クリーン機能

バイブレーションプレス
くず箱に振動をあたえることで、かたよった細断くずをまんべんなくならす。

ファンプレス
内蔵するファンが回転して、細断くずをまんべんなく、すきまをうめるようにおしならす。

高画質・軽量で時代を先どり！
家庭用ビデオカメラ

ソニー株式会社

小さくて軽いビデオカメラ

　1985（昭和60）年、あるひとつの商品が世に送りだされ、世間の関心を集めました。その商品とは、ソニーが開発したビデオカメラで、ハンディカム®（ソニーが販売するビデオカメラのシリーズ名）の1号機「CCD-M8」です。

　片方の手で操作できることをひとつの特徴としていたこの商品は、再生機能と電子ビューファインダーをはぶくことで、従来のビデオカメラの小型・軽量化を実現させました。

　さらに、このビデオカメラを小型・軽量化するのにひと役買ったのが、商品名の一部にもなっているCCDイメージセンサー（以下、CCD）です。

　CCDとは、光を電気信号にかえて画像化する装置です。現在では、デジタルカメラにも使われているこの装置の開発を、ソニーは1970年代からはじめていました。

　当時のビデオカメラは、撮像管とよばれる部品によって、光を電気信号にかえていました。ただ、この部品を使うと、機械内部を広くしなければならないので、ビデオカメラの本体は大きく、重くなってしまいます。しかし、CCDは小さく、広い空間が必要ないので、

CCD-M8
1985年発売

小型・軽量化を実現させたことで、ビデオカメラを片方の手にもって撮影できる時代が到来した。

CCD-M8に使われた25万画素のCCD。CCDを開発したことで、ソニーは、ビデオカメラの小型化の道を切りひらいた。

当時の録画テープ。

本体を小さく軽くすることが可能なのです。

　このCCDを使って、最初に手がけたのが8ミリビデオカメラレコーダーの1号機となる「CCD-V8」でした。開発途中、画像に白いボケや黒い点があらわれるなどの問題が発生します。それでも、CCDの開発チームは、一丸となって、そういった問題をひとつひとつ克服していきました。

　そして、1985年1月に、25万画素（デジタル画面を構成する最小単位の点）のCCDを内部に組みこんだ、重さ1.97kgのビデオカメラCCD-V8が発売されました。

つぎつぎ発売されたハンディカム

　それから8か月後、CCD-V8でつちかった技術をいかした、ハンディカムのCCD-M8が発売されました。1.0kgという本体の重さは、当時の世界最軽量でした。以降もソニーでは、つぎつぎに新しいハンディカムのシリーズを発売していきます。

　たとえば、1989（平成元）年に発売された「CCD-TR55」は、「パスポートサイズ」というキャッチフレーズが話題になりました。このビデオカメラはたいへん人気がでて、ハンディカムの愛用者を大きくふやしました。また、2009年には、「HDR-XR520V」を発売しています。このビデオカメラは、従来のセンサーより高感度になり、暗いところでも高画質の映像が撮影できるようになりました。

ハンディカム®の歴史

年	できごと
1985	ハンディカムの1号機CCD-M8を発売
1989	CCD-TR55を発売 「パスポートサイズ」のキャッチフレーズで、世間の話題をよんだ。
1995	DCR-VX1000を発売 デジタルビデオカメラレコーダーの1号機。「デジタルハンディカム」の愛称でしたしまれた。
2004	DCR-DVD201を発売 記録メディアにDVDを採用することで、撮影した画像をすぐにたのしめるようになった。
2009	HDR-XR520Vを発売 暗いところで高画質の映像を撮影できる。GPS機能も搭載しているので、撮影地が記録できる。
2014	HDR-PJ800を発売（右ページ） FDR-AX100を発売（右ページ）

◀ 進化するハンディカム® ▶

HDR-PJ800

手ブレをおさえる「空間光学手ブレ補正」を採用。ブレの少ない安定した映像を撮影することが可能になった。映像を壁などにうつしだすプロジェクター機能も搭載。

液晶画面にふれることで操作ができる。

空間光学手ブレ補正(イメージ)

ビデオカメラ本体の内部で、レンズなどを空間にういているかのようにたもつことができるので、手が動いたときにおこる映像のブレが軽減される。

FDR-AX100

FDR-AX100(正面)

画質のよさに定評のある4K(フルハイビジョンの4倍の画素数)での撮影がたのしめるハンディカム。

4Kでの撮影により、被写体を細部までしっかりと表現できるようになった。

水なしで加湿ができる世界初の機能！
家庭用ルームエアコン

ダイキン工業株式会社

200万台以上の大ヒットを記録

エアコンは、冷房をいれると、冷たい空気がでてきて暑さをやわらげ、暖房をいれると、あたたかい空気がでてきて寒さをしのげる便利な電気製品です。

そんなエアコンにおいて、加湿によって室内のうるおいを高め、除湿によってさわやかさを高める機能を取りいれ、200万台以上を売った商品があります。それが家庭用ルームエアコン「うるるとさらら」です。1999（平成11）年にダイキン工業から発売されました。

ダイキン工業は、合資会社大阪金属工業所として、1924（大正13）年に創業されました。当時は、飛行機のエンジンをひやす装置の開発をおこない、太平洋戦争後の1951（昭和26）年には、日本初のパッケージエアコン（オフィスや食堂などで使われる業務用のエアコン）を発売しています。

さらに、1982年には、1台の室外機で2台以上の室内機とつなぐことのできる日本初のビル用マルチエアコンを発売し、業務用エアコンの製造と販売において、確固たる地位をきずきました。

ダイキン工業がこころみた新たな挑戦

しかし、ダイキン工業は、家庭用ルームエアコンにおいては業績不振で、事業からの撤退が社内で検討される状況でした。

1998年、こうした状況を打開するため、

うるるとさらら
1999年発売

うるるとさららを設置した部屋。

当時の社長は、ほかの会社がまねのできないような家庭用ルームエアコンの開発を、開発チームに指示しました。そこで、社内で研究課題となっていた無給水加湿を機能として取りいれることで、他社のエアコンとの差別化をはかることにしました。

　加湿器を使って部屋の加湿をおこなう場合、加湿器に水を補給し、その水分を空中に放出することで部屋の湿度をあげます。しかし、無給水加湿の技術を取りいれることができれば、水の補給をすることなく、部屋の湿度をあげることができるようになります。

「どうすれば、給水することなく、加湿をすることができるのか……」

　世界中のどの会社でもまだ実現できていないこの難題に、開発チームは頭を悩ませました。そんなある日のこと、除湿器（加湿器とは逆に室内の湿度を低くするための機械）に使われている鉱石のゼオライトを見ていた開発チームのひとりが、あるアイデアを思いつきました。

　そのアイデアとは、室外機に使われているゼオライトから水分を取りだして室内に送りこめば、水の補給をすることなく、部屋の加湿ができるのではないかというものでした。

　さっそく、開発チームは、ゼオライトを使って実験をおこないました。すると、ゼオライトに熱などをくわえると、水分を放出する性質があることがわかったのです。

　こうして、開発された加湿機能のついた家庭用ルームエアコンは、「うるるとさらら」という商品名で発売され、2003年には、家庭用ルームエアコンの国内シェア第1位を獲得するほどのヒット商品となりました。

ダイキンのエアコンの歴史

年	できごと
1924	合資会社大阪金属工業所として創業
1951	日本初のパッケージエアコンを発売 業務用エアコンは、2014年には国内生産累計1000万台を達成した。
1982	日本初のビル用マルチエアコンを発売 ビル用マルチエアコンは、複数の室内機を個別に運転させたり、停止させたりできる。
1999	「うるるとさらら」を発売
2014	「うるさら7（セブン）」を発売 従来の機種よりも加湿・除湿、省エネ機能がアップした、高機能の家庭用ルームエアコン。

無給水加湿って、どういうこと？

うるるとさららは、エアコンへの給水をすることなく、部屋の加湿をおこなうことができます。これは、部屋の外に取りつけられている室外機が空気中の水分を集め、きれいな水にして室内機に送り、室内に放出するからです。

うるるとさららの室外機は、空気中の水分から、ゴミや花粉、ウイルスなどを取りのぞき、きれいな水だけを室内に送りこんでいる。

湿度による体の表面温度のちがい

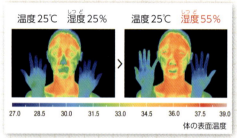

（表面温度が高くなるほど、オレンジ色に近づく）

左と右では、温度はおなじ25℃だが、湿度にちがいがある。湿度が高いほうが体の表面温度があがるので、加湿して、室内の湿度を高めたほうがあたたかく感じる。

無給水加湿のしくみは、どうなっている？

室外機の加湿ユニットには、ゼオライトを使った「デシカント」という乾燥材が取りつけられています。デシカントには、空気中の水分を吸着し、熱をうけると水分を放出する性質があります。これにより、うるるとさららは、水を必要としない無給水加湿を実現した、はじめての家庭用エアコンとなったのです。

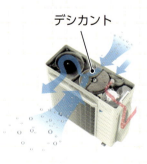

うるるとさららの室外機。空気をすいこみ、デシカントが空気中の水分を吸着する。

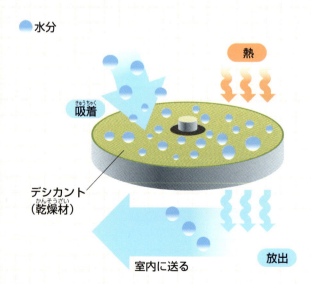

デシカントは、熱をくわえられると吸着させた空気中の水分を放出する。それを室内へ送ることで加湿している。

日本人の歯のために開発された製品

電動ハブラシ

パナソニック株式会社

日本人の歯と欧米人の歯

2002（平成14）年から発売されている「ドルツ」シリーズは、日本人の歯にあうように、パナソニックが独自に開発した電動ハブラシです。ドルツが登場する以前、日本でおもに使われていた電動ハブラシのほとんどは外国製のもので、日本人の歯には、かならずしもあってはいませんでした。

日本人と欧米人とでは、食べ物や食習慣などのちがいから、歯ならびや歯の形に大きなちがいがあります。

欧米人の歯は、歯ならびや歯の形状が直線的で、歯と歯のあいだには、すきまがあまりありません。一方、日本人の歯は、歯ならび

日本人と欧米人の歯のちがい

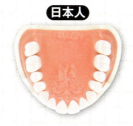

日本人
- 歯ならびが曲線的
- 歯面が丸い
- 歯にすきまがある

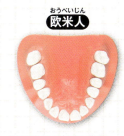

欧米人
- 歯ならびが直線的
- 歯面が平ら
- 歯にすきまが少ない

音波振動ハブラシ
ドルツEW-DE43
2014年発売

EW-DE43は、使いかたにおうじてヘッド（ブラシ）を交換できる。極細毛ブラシや、歯のあいだや歯ならびのわるい部分もみがける「ポイントみがきブラシ」などが付属している。

や歯の形状が曲線的で、歯と歯のあいだには、すきまがあります。ドルツは、歯の形が複雑な日本人でも、みがきのこしなく使用できるように開発されました。

歯周病の原因菌を除去する機能

歯をうしなう原因といえば、すぐに虫歯が頭にうかびますが、じつは、歯茎の病気「歯周病」のほうが多いとされています。

歯周病を予防するには、歯と歯茎のあいだ

のすきま「歯周ポケット」にたまる歯垢（食べかすや細菌のかたまり）を取りのぞくことが必要です。しかし、しっかりと歯をみがかなければ、歯垢をきれいに取りのぞくことはできません。また、ハブラシによっては、毛先が歯周ポケットの奥まではいりきらず、みがきのこしができてしまうこともあります。さらに日本人の複雑な歯の特徴が歯垢を除去しにくいものにしています。

除去できなかった歯垢は、やがてかたい歯石となってしまいます。そうなると、歯みがきだけでは除去できず、歯科医に処置してもらう必要があります。

こうした状況をふまえ、パナソニックは、2014年に、音波振動ハブラシ「ドルツEW-DE43」を発売します。この製品のブラシ（ヘッド）の部分は、口の小さな日本人にあわせて小さくなっていて、とどきにくい奥歯までみがけるようにくふうされています。毛先の細さが約0.02mmの極細毛ブラシは、歯周ポケットにもかんたんにはいりこむことができます。また、手みがきでは不可能な音波振動のこまかな動きで、歯周ポケットにたまっている歯垢をかきだすことができ、歯周病の予防に効果を発揮します。

ポケットドルツの開発

パナソニックでは、ドルツの技術を使って、携帯用の小型電動ハブラシ「ポケットドルツ」も販売しています。ドルツは、もともと、歯周病などが気になる男性や、年配の人たちを対象にした製品でしたが、ポケットドルツは、女性むけに開発された製品です。

ポケットドルツの開発のきっかけは、パナソニックの女性社員のある疑問からでした。その女性社員は、昼食後、化粧室で歯みがきをしている社員のなかに、電動ハブラシを使っている人を見かけないことに気づきます。歯みがきをしているみんなに話を聞いてみると、「重い」「かさばる」「音がうるさい」など、それまでの電動ハブラシに対する、女性ならではの意見があることがわかりました。

2010年、パナソニックは、女性のために、小型でおしゃれなデザインで、音の静かな電動ハブラシ、ポケットドルツを発売します。ポケットドルツは、女性がもつポーチにもいれられるように、従来のドルツよりも長さを

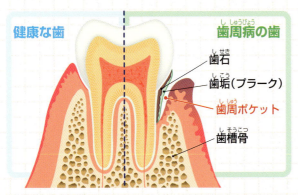

歯周病は、歯垢のなかにいる細菌の感染によってひきおこされる炎症。歯茎がはれたりする。病状が進行すると歯周ポケットが深くなり、歯をささえる土台（歯槽骨）がとけて歯がぐらつくようになり、抜歯をしなければいけなくなってしまう場合もある。

短くしました。そのため、電動ハブラシのモーターには小さいものを採用していますが、振動を増幅させる部品を取りつけることで、モーターの性能をおぎなうようにしました。

試作品を使用したパナソニックの女性社員たちからは「うわー、かわいい。これほしい」という声がつぎつぎとあがります。コンパクトでかわいいデザインは、発売されると、すぐに女性たちの共感をよびました。

広がる「ドルツ」シリーズ

ドルツやポケットドルツは、利用者の特徴にあわせて、シリーズ展開をしています。充電式の製品や、コーヒーや紅茶、タバコなどにふくまれている着色物質によるよごれを取りのぞけるものなど、さまざまな製品があります。

子ども用の「ポケットドルツ キッズ」は、子どもが使いやすいように、それまでのドルツよりも振動をおさえた製品です。ネック部分にLEDライトを搭載していて、親などがしあげみがきをするときに、前歯の裏や奥歯などの暗くて見えにくい部分がよく見えるようにくふうされています。

ポケットドルツ キッズ EW-DS32（しあげみがき用）
2011年発売

口のなかを明るくてらすライトを搭載。

子どもの歯にあう小さなヘッドの電動ハブラシ。

ポケットドルツ EW-DS17
2014年発売

化粧品のような色使いとデザインのため、携帯用の電動ハブラシとして女性に人気。

音波振動ハブラシ ドルツ EW-DL32
2013年発売

断面がひし形の毛を高密度に植毛した「ステインオフブラシ」により、着色よごれ（ステイン）を取りのぞく。

使いやすさを考えたくふうがいっぱい！
食品包装用ラップフィルム

株式会社クレハ

塩素を使ってできた「クレハロン」

前の日に食べのこした料理をレンジであたためなおしたり、料理や食材を冷蔵庫で保存したりするとき、食品包装用ラップフィルムがあると、とても便利です。

「クレラップ」も、そうした食品包装用ラップフィルムのひとつで、現在は「NEWクレラップ」という商品名で販売されています。

最初のクレラップが発売されたのは、1960（昭和35）年のことです。時代はまさに高度経済成長期。戦後の焼けあとから立ちなおり、人びとに明るい笑顔がもどってきたころのことでした。クレラップを世に送りだしたのは、化学メーカーのクレハ（旧：呉羽化学工業）でした。

太平洋戦争後、クレハは、人工繊維の原料として使われる、か性ソーダ（水酸化ナトリウム）を生産していました。

か性ソーダを生産するときには、大量の塩素が発生します。この塩素を有効に利用しようとして1951年に開発されたのが、塩化ビニリデン樹脂の「クレハロン」でした。

塩化ビニリデン樹脂は、耐水性にすぐれ、水蒸気と酸素をとおしにくいという特徴をもった素材です。クレハロンは、塩化ビニリデン樹脂のそうした特徴をいかし、定置網をつくる繊維として発売されました。

その後、クレハの開発者たちは、クレハロンを使った、新たな商品の開発に乗りだしま

NEWクレラップ
1989年発売

料理や食材などの保存に使われるNEWクレラップ。

第2章 家電製品・日用品

す。それは、塩化ビニリデン樹脂の性質に着目し、クレハロンを繊維にではなく、フィルムにするというものでした。

時代の波に乗ったクレラップ

1956年、クレハは、クレハロンのフィルム化に成功します。このフィルムは、酸素をとおしにくく、食品の鮮度をたもつことができるため、ハムや魚肉ソーセージの食品包装材として使われるようになりました。

クレハロンのフィルム化に成功したクレハは、つぎの段階へ開発をすすめます。家庭で使用できる食品包装用ラップフィルムの開発です。

しかし、問題がひとつありました。クレハロンのフィルムには、わずかながら塩素臭があったのです。これでは、香辛料を使った食

魚肉ソーセージに使用されたクレハロンのフィルム。写真は当時のもの。

品など、もともとにおいの強い食品には使用できても、それ以外にはむきません。

開発者たちは無臭フィルムの開発に頭を悩ませました。そして、研究の結果、製造工程を見直し、特定の薬品をくわえることで、この問題を解決したのです。

これにより、完成したのがクレラップでした。クレラップの発売後、クレハは、世間に普及しはじめたテレビを利用し、CMをとおして消費者に便利さを伝えました。

また、直接クレラップのよさを知ってもらうため、デパートの家電売り場での実演販売

クレラップ
1960年発売

クレラップでつつんだ魚を冷蔵庫にいれるシーン。写真は、発売当時の宣伝用のもの。

発売当時のクレラップの宣伝写真。小さな子どもを起用して、子どもでもあつかいやすいことをアピールしている。

商品大解剖　NEWクレラップのさまざまなくふう

クレハカット（V字型の刃）
真ん中から切れるため、フィルムをきれいに切ることができる。

巻き戻り防止ストッパー
ニスがぬられているため、フィルムがしっかりくっつき、まきもどりにくくなっている。

きちんとキレ窓
ふたをしっかりしめて、窓から女の子の顔が見えた状態でフィルムを切ることで、きれいに切れる。

もおこないました。クレラップにつつまれたスイカを冷蔵庫にいれる実演販売員のようすを目にした人たちは、見なれない台所用品の便利さにおどろきの声をあげました。

こうした販売努力にくわえ、時代の流れも商品の普及をあとおししました。1960年代なかばから冷蔵庫が、1980年代からは電子レンジが、一般の家庭で使われるようになったのです。食品包装用ラップフィルムは、家庭に欠かせないものとなっていきました。

平成生まれのNEWクレラップ

時代が昭和から平成にうつりかわった1989（平成元）年、クレハは思いきった戦略を実行します。それまで販売していたクレラップをリニューアルし、新商品の「NEWクレラップ」として発売したのです。

クレラップを発売して以来、クレハには、利用者の声がたくさんよせられていました。「フィルムがまとわりついて、うまく切れない」「フィルムがまきもどって使いにくい」など、クレラップをより使いやすく改善してほしいとの要望が数多くありました。

こうした要望をうけ、NEWクレラップの開発がはじめられました。まず、フィルムがまとわりついて、うまく切れないという問題に対しては、箱に取りつけられている刃をV字型にすることで解消しました。これにより、手首を少しひねって箱を内側に回転させるだけで、ラップをうまく切ることができるようになりました。

つぎに、フィルムがまきもどってしまうの

プラスチック刃
安全性が高く、廃棄するときに、かんたんに取りはずせるようになっている。

飛びだしガード
ロールが箱からとびだしてしまうのをふせぐ。

カチットロック
ふたがしまったかどうかを音で知らせてくれる。

すべりにくい表面加工
箱に特殊なニスがぬってあるので、すべりにくくなっている。

にぎりやすい箱の形状
角がするどくないので、箱をつかみやすくなっている。

をふせぐために、「巻き戻り防止ストッパー」を考えました。このストッパーの表面にはニスがぬられているので、フィルムをしっかりくっつけることができ、まきもどりをふせぎます。利用者は、使いたいときに、すぐにフィルムを取りだせるようになりました。

こうしたくふうにくわえ、パッケージデザインの変更もおこないました。より使いやすくなったNEWクレラップは、多くの利用者にうけいれられました。

進化するNEWクレラップ

NEWクレラップには、その後もさまざまなくふうがくわえられました。カチッとふたがしまる「カチットロック」や、ロールのとびだしをふせぐ「飛びだしガード」、窓からのぞく女の子の顔がラップを切るときの目印になる「きちんとキレ窓」などは、そうしたくふうの代表例です。

2008年には、ラップフィルムを切る刃を、金属刃から、植物生まれの生分解性プラスチック刃にかえました。切れ味はそのままで、より安全になり、廃棄するときの刃の取りはずしがかんたんになりました。

利用者にとって、より使いやすいラップフィルムをめざして、NEWクレラップはこれからも進化をつづけていきます。

短い時間で検温できる体温計
電子体温計
テルモ株式会社

検温時間を30分の1に短縮

病気の際の発熱や、定期的な体温の記録など、体の温度をはかる検温に欠かせないのが体温計です。昔からある水銀を使ったガラス製の体温計だと、約10分の検温時間が必要です。しかし、赤ちゃんを10分間もわきの下に体温計をはさんだままでいさせるのはたいへんですし、重い病気にかかった人などにとっても苦痛です。また、水銀をおさめているガラスもわれやすいものでした。

一方、現在、一般的に使用されている電子体温計は検温時間が約20〜30秒と短く、ガラスも水銀も使用していないので、子どもがひとりで使っても安全です。

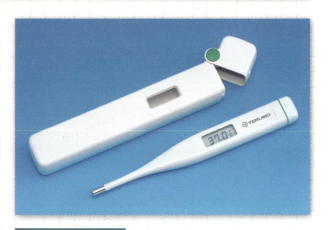

電子体温計
1983年発売

日本初となる電子体温計（平衡温予測方式）が発売されたのは、1983（昭和58）年のことです。水銀体温計と同様に使いやすく、しかもこわれにくい体温計として開発がすすめられました。最初に発売されたのは病院むけのものでしたが、翌年には、家庭用のものも発売されました。この電子体温計を開発したのが、大正時代から体温計を製造してきたテルモです。

国産体温計の製造のために会社を設立

テルモの前身は「赤線検温器株式会社」といいます。1921（大正10）年、東京の下町で体温計を製造する町工場として創立されました。当時、第一次世界大戦の影響で、ドイ

かつてテルモでつくられていた水銀体温計。1985年に製造が打ち切られた。

テルモ創立の発起人のひとりである北里柴三郎博士。慶應義塾大学医学部や北里大学の創設など、医療をめざす若者の教育にも力をそそいだ。

提供：学校法人北里研究所

ツからの物資の流入がとだえていて、体温計の輸入ができなくなってしまったため、国産体温計の製造が必要でした。そこで日本の医学者たちが協力してつくった会社が赤線検温器でした。ちなみに、現在の会社名である「テルモ」とは、体温計を意味するドイツ語「テルモメーテル」に由来しています。

　会社創立の発起人のなかには、ペスト菌を発見し、破傷風の治療法を発明するなど「近代医学の父」ともいわれた北里柴三郎博士がいました。博士もすぐれた体温計の必要性を感じていたのです。世界的にも有名な医学博士の協力をえて、テルモは体温計の製造をスタートさせます。

安全な電子体温計の開発

　テルモは創立以来、60年以上にわたり、水銀体温計を国内で普及させてきました。しかし、1980年代に、産業廃棄物としてだされていた有機水銀が公害問題になると、それまで環境汚染や健康被害もなく体温計に使われていた無機水銀にも、利用者から不安の声が聞かれるようになりました。そこで、テルモでは水銀を使わずに、もっと短時間で測定できる体温計の開発をはじめることになったのです。

電子体温計にこめられたくふう

　体温計で検温する「体温」は、皮膚表面の温度ではありません。じつは体内の温度のことを意味しています。皮膚表面の温度は、季節や環境などによる外の気温の影響をうけてしまいます。体調の変化を知るためには体内の温度を知る必要があるので、外部の影響をうけにくい方法をとることが重要になります。そのため、体のなかの温度が反映されやすいわきの下や口、耳が、検温する部位として適しているのです。

　わきの下には皮膚がありますが、しっかりとわきをしめることで、体の内部の温度が反映されます。その温度を「平衡温」といい、これが一般には体温とされています。

　水銀体温計を使った場合、体内の熱が水銀に伝わって平衡温を検温するのに、わきの下で10分以上、口のなかでは5分程度かかります。

　そこでテルモは、体温計の先端に「サーミスタ」という温度の変化を電気信号の変化にかえる部品を取りつけ、体温計の本体に1000例以上の体温の測定データを記憶したマイクロコンピュータを組みこみました。このコン

ピュータが実際の熱のあがり具合を統計的に予測することで、数十秒という短時間で平衡温を知らせるのです。このような測定方法を「予測式」といい、水銀体温計のような方法を「実測式」といいます。

テルモが開発した電子体温計は、医療機関で多く使われるため、正確であることはもちろん、小型で消毒ができるものでなくてはいけません。体温計全体を消毒液につけて消毒できるようにするため、体温の表示部分と本体部分にすきまができないよう密閉した防水構造にしています。

また、スイッチにもくふうがほどこされています。電子体温計は、電源をいれなければ使えません。この手間をなくすため、テルモは、電子体温計の内部に磁石でオン・オフの操作ができる「リード・スイッチ」をいれました。収納ケースのなかにも磁石がはいっていて、電子体温計を収納ケースにおさめると、ケースの磁気に反応して電源がオフになり、取りだすと電源がオンになります。このしくみによって、電子体温計も水銀体温計とおなじように、取りだしてすぐに使えるようになったのです。

設立当時とかわらない商品開発の姿勢

現在、テルモは、使う人にあわせたさまざまな体温計を販売しています。わきの下では

テルモのさまざまな電子体温計

テルモ電子体温計 C231
2010年発売

予測式と実測式の検温が選べる体温計。体温計本体と収納ケースが水洗いできる防水構造。

検温がおわると、バックライトが点灯する。

液晶画面

WOMAN℃ テルモ女性体温計 W525DZ
2014年発売

検温データからつぎの生理日と排卵日を自動計算し、予定日が近づくとお知らせマークが点灯する。

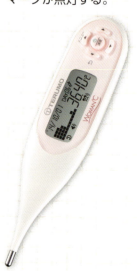

第2章 家電製品・日用品

なく、耳ではかる「耳式体温計」もあります。これは、耳内の温度を赤外線で測定するものです。わずか1秒で検温できるので、赤ちゃんの検温などに役立っています。また、検温した基礎体温データを自動的に記憶してグラフ化できる、女性むけの体温計も販売されています。

　テルモが創立されたときの趣意書には、「国民の健康が国家安定の基礎」という北里博士たちの考えがしるされています。この考えのとおり、テルモは創立から90年以上たったいまも、使いやすさと正確さをかねそなえた製品をつくり、わたしたちの健康をささえています。

Baby°C ミミッピヒカリ テルモ耳式体温計 M30
2001年発売

耳の内部の温度を計測するセンサーにより、約1秒で検温できる。

検温完了を光で知らせてくれる。

体温計のケース

正しい体温計の使いかた

わきの下で計測するとき

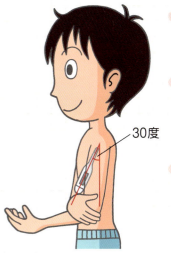

- わきの下のくぼみの中央に体温計の先端をあてる。
- 体温計が体に対して30度くらいになるようにし、しっかりわきをとじる。
- 体温計をあてたほうのひじをわき腹にくっつけ、もう一方の手でひじをおさえる。

口で計測するとき

- 舌の裏側にある筋にそって根もとまで体温計をさしこんで、口をとじる。
- 食事後や入浴後の30分は計測をさける。

耳で計測するとき

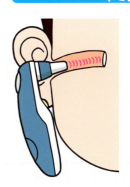

- 耳の奥のほうに体温計の先端をむけて、できるだけ深くいれる。
- スタートボタンをおし、体温計が耳のなかで動かないようにする。

運動会で速く走れる魔法のような靴
運動靴

アキレス株式会社

驚異の大ヒットを記録した運動靴

日本の幼稚園児・小学生の人口が約1100万人（2014年現在）といわれているなかで、年間600万足以上を販売している大人気の運動靴があります。それは、アキレスの「瞬足」シリーズです。じつに、幼稚園児・小学生の2人に1人は瞬足をはいている計算になります。運動靴のヒット商品は150万足が最大だといわれていましたが、その数字を軽く突破して、子ども用の運動靴といえば、「瞬足」の名前がでるほどの人気シリーズになっています。

アキレスは、もともと靴専門のメーカーではありません。ゴムやプラスチック素材の開発・製造において、世界でも高い技術をもち、車の部品や建築資材などを製造販売している会社です。

アキレスは、太平洋戦争後から、ゴム素材を使った靴の製造をはじめ、運動靴や校内用の上ばきなど、「通学ばきの靴」の製造をとおして技術力を高めていきました。現在では、日本有数の子ども用の靴メーカーとして知られるようになっています。

瞬足
2003年発売

瞬足の1号。すでに発売されていた「ランドマスター」という子ども用運動靴シリーズのモデルとして発売されたもの。のちに瞬足シリーズとなった。

靴底

いまの運動靴にもとめられるものは？

1980年代までは、運動靴を製造すれば、ある程度は売れる時代がつづいていましたが、その後、少子化によって子どもの数が少なくなり、運動靴はしだいに売れなくなっていきました。

しかも、アキレスは、他社よりも大きく売り上げを落としていたのです。その原因のひとつにデザイン性のちがいがありました。子ども用の靴を長年つくりつづけてきたので、製造技術と品質には自信がありましたが、若い親や子どもたちにめばえていた「かっこい

い靴、かわいい靴を選びたい」という要望を商品にいかしきれていなかったのです。

そこでアキレスでは、靴をつくる企画開発部門と販売する営業部門のあいだの橋渡し役として、「企画開発リーダー」という部門をもうけ、客や店の要望を製造の現場にとどける役割をもたせました。

運動会で子どもたちの靴を撮影

企画開発リーダーのひとりに、のちに瞬足開発チームのまとめ役になった津端裕がいました。津端は、町の靴屋や総合スーパーに靴を売る部署に長年たずさわっていたので、自社の靴の強みも弱みも知りつくし、客の声もよく耳にしていました。

津端は、子どもたちがどのような靴をはいているか知りたいという、ある総合スーパーの要望から、子どもたちが集まる場所での靴の写真撮影をはじめます。休日を返上して遊園地などの入り口に立ち、子どもの足元を撮影していくうちに、靴だけでなく、服装も目にはいるようになります。どのような服装をしている子が、どのような色の靴をこのむかなど、店や会社ではえられない情報がたくさん集まりました。

そうした地道な情報収集をつづけていくうちに、運動会という絶好の撮影場所を見つけます。津端の娘ふたりがかよっていた学校の運動会にいって、入場門の付近で撮影すれば、

瞬足をはいて運動する子どもたち。

全学年・全児童の靴が撮影でき、児童のこのみの変化を観察することもできるのです。さらに、応援にきている父兄の靴や服装も観察できます。娘たちが卒業してからも、学校に許可を取って、運動会での靴の撮影はつづけられました。

子ども全員が走るよろこびを感じる靴

そして、津端が集めた情報が、新しく開発する運動靴にいかされることになります。野球用やサッカー用など、特定のスポーツ専用のシューズではない運動靴です。開発チームは、「子どもがふだんの生活ではく靴」という原点にもどり、新しい靴づくりをスタートさせました。休み時間や放課後、遠足などの生活場面や行事のシーンを思いおこすなかで注目したのが、やはり運動会です。

学校にかよえばかならず参加することになる運動会は、だれの記憶にも強くのこっていました。なかでも、リレーでころんだ子の話が開発チーム内に多くよせられました。

◀ 瞬足の特徴 ▶

左まわりのトラックにあわせて、スパイクを左側に集中させている。靴底はやわらかく、体重が大きくかかったときだけ、スパイクがでるようになっている。

スパイク

足の甲があたる部分に、大人のスポーツシューズに使用されるやわらかい素材を採用することで、足と靴の密着度を高めた。

　そこで、トラックのコーナーでも安定して走れて、ころばない靴を開発しようということになりました。キャッチコピーは「コーナーで差をつけろ!!」に決まりました。「走るのが得意な子どもよりも、むしろ苦手で、走るのがきらいな子どもを応援し、背中をおしてあげる靴」をコンセプトにした商品の開発がはじまりました。こうしてできあがったのが、2003（平成15）年に発売された「瞬足」だったのです。

瞬足に取りいれられた新しいしくみ

　瞬足では、左まわりのコーナーを走るときに安定性をもたせるために、それまでにないしくみを採用しました。左右どちらの靴にも、左側にスパイク（すべり止めのための突起物）を集中させたのです。これはスキーからえたアイデアでした。スキー競技では、曲線をえがきながら斜面をすべりおります。カーブをまがるときは、まがる方向に体をかたむけて体重をかけます。校庭のトラックでは、左まわりに走ります。そのため、体重がかかりやすい靴の左側にスパイクを集中させたのです。しかし、スパイクが靴底からとびだしていると、まっすぐ歩くときにバランスがわるくなってしまいます。それでは、ふだんの生活ではける靴にはなりません。そこで、雪道でもスリップしないスタッドレスタイヤの素材をヒントにしました。

　スタッドレスタイヤには、雪道にしっかり食いこんですべりにくくするために、やわらかいゴムが使われています。瞬足でも靴底にやわらかいゴムを使い、体重がかかったときにだけゴムがちぢんでスパイクがでて、地面に食いこむようにしたのです。このしくみを実現させるためには、適切な素材を選んで強度などを計算しなくてはなりませんが、それまでにつちかったアキレスの豊富なデータや

高い技術力によって可能になりました。

また、足の幅や甲の高さが小さくなった現代の子どものために、サイズを調整し、足の甲をつつむ部分には、大人のスポーツシューズに使われているやわらかい素材を採用しています。デザインにもくふうをこらし、色の種類やグラデーションを多く取りいれた、大人も子どもも、かっこいいと感じられるデザインに仕上がりました。

広がりを見せる瞬足シリーズ

2003年に瞬足が発売されると、研究熱心な靴屋のあいだで話題になり、また、デザインがよいとか、子どもが運動会で速く走れたという話が母親たちのあいだで広まって、しだいに売れていきました。

2005年ごろには、総合スーパーが瞬足を販売するようになり、爆発的に売れだしました。その人気ぶりは、同時期に販売された大ヒット携帯ゲーム機「ニンテンドーDS」と比較されるほどでした。

瞬足シリーズは、その後、200種類以上のモデルが発売され、小学生の男子むけ、女子むけ、大人むけ、各種スポーツむけなどと広がりを見せ、発売以来、累計5000万足を販売しています。

アキレスは、瞬足シリーズを展開するなかで、昔の子どもよりも、現代の子どものほうが足の力が弱くなっている現実に着目しました。そこで、大学と協力して、サイズがあった靴を正しくはくことが健康に重要だとする「足育宣言」を発表して、足型測定会や陸上教室などを開催しています。また、歩きはじめの赤ちゃん用の「瞬足ベビー」や、内ばき外ばき兼用シューズがある「瞬足足育シリーズ」など、小さなうちから靴になれしたしむ商品を展開しています。

アキレスは、瞬足を使ってくれる多くの子どもたちの足の健康を守る責任があるという信念をもって、製品の開発をつづけています。

瞬足シリーズ

瞬足ダンス
ダンサー用に開発されたシリーズ。

瞬足ベビー
「まず、赤ちゃんが正しく歩きはじめること」を第一に開発されたシリーズ。

大人の瞬足
瞬足のはきごこちをたのしめる大人むけシリーズ。

年間100万本を売り上げる大人気マグ

ステンレスボトル

象印マホービン株式会社

マイボトルに使われるステンレスマグ

「マイボトル」ということばを知っていますか？「自分の容器」という意味で、でかけるときなどに、マイボトルに飲み物をいれてもち歩き、容器の使いすてをなるべくさけるようにします。現代は環境に配慮した生活がもとめられていることもあり、マイボトルを利用する人がふえてきています。

マイボトルとして、まほうびんタイプの商品を選ぶ人も多くいます。まほうびんタイプだと、あたたかい飲み物は保温し、冷たい飲み物は保冷できるからです。とくに、ステンレス製で衝撃に強く、バッグにもはいる小型のまほうびんタイプの水筒（マグ）は、多くの種類が発売されていて人気があります。

ステンレスマグのなかで、年間100万本も販売された商品があります。象印マホービンが2010（平成22）年に発売したステンレスマグSM-JA型シリーズです。このシリーズは、発売したとたんに人気を集め、爆発的なヒットとなりました。

まほうびんのしくみ（ステンレスボトルの場合）

まほうびんは、内びんと外びんの二重構造になっていて、そのあいだは真空になっている。液体の温度は、接している部分からにげるため、真空の壁をつくることで、熱は外へにげにくくなる。

内びんと外びんのあいだには、銅箔またはアルミ箔をいれて鏡のような状態にし、液体から熱がはなたれても反射してもどり、液体の温度が変化しにくいようなしくみになっている。

ステンレスマグ SM-JA型
2010年発売

色は黒、赤、シルバー、ロゼの4色。色ごとに光沢をつけたり、つや消し加工をほどこしたりして、質感のちがいをだしている。

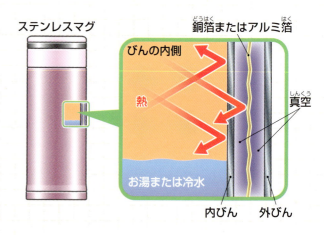

第2章 家電製品・日用品

「まほうびん」へのあこがれ

象印マホービンは、愛知県出身の市川兄弟が大阪で創業した会社です。

電球加工の職人をしていた弟の金三郎は、当時は高価で、輸入品が多かったまほうびんに興味をもち、できれば自分たちの手で、まほうびんを製造したいと考えていました。

金三郎がつくっていた初期の白熱電球は、電球の寿命をのばすために、電球のなかを真空に近い状態にしていました。まほうびんも、真空の壁をつくることによって、保温・保冷の能力を高めています。まほうびんで液体をいれる「中びん」（ガラス製で、ステンレスボトルの内びんとはべつのもの）と電球は、おなじ真空の特性を使ったしくみをもっていました。

兄の銀三郎は、大阪の商家に住みこみではたらいていましたが、弟の思いを知り、大阪によびよせて、まほうびんの中びんを製造する「市川兄弟商会」を1918（大正7）年に創業します。やがて、まほうびん製品自体を製造できるまでに成長した会社は、1961（昭和36）年には、社名を象印マホービンに変更しました。

ガラス製の中びんから、ステンレスへ

太平洋戦争後、象印マホービンは、まほうびんの修理業から再出発し、さらに家庭で使

昭和初期まで、中びんは、職人がガラス生地を竿の先にまきつけ、竿をまわしながら、息をふきこんで製造していた。

いやすいようなまほうびんをめざして、商品開発をすすめていきます。栓とふたを改良し、かたむけるだけでお湯がそそげる「卓上用まほうびん」や、空気圧を利用したプッシュボタンをおすだけでお湯がそそげる「エアーポット」、電気の力で湯わかしと保温ができる「電気エアーポット」などです。

そして、1981年には、それまでつちかったガラス加工や真空の技術を土台に、一般家庭でも手に取りやすいステンレス製の水筒「タフボーイSTA型」を発売します。

この水筒は、中びんにガラスをもちいた従来のタイプのまほうびんとはちがって、外側と内側の両方にステンレスを使った新しいタイプのまほうびんでした。ステンレス製なので、ガラスのようにわれてしまう心配はありません。

タフボーイSTA型は、性能の高さとデザインのよさで、発売後、すぐに人気商品になりました。その後、ステンレスボトルの商品も種類がふえ、象印マホービンの主力商品として重要な位置をしめるようになりました。

卓上用まほうびん
1963年発売

エアーポット
1973年発売

電気エアーポット
1980年発売

タフボーイSTA型
1981年発売

会社を代表する「ステンレスマグ」を

　ステンレスマグSM-JA型の開発がはじまったのは2009年のことです。すでに象印のステンレスマグはよく知られたブランドでしたが、いくつかのステンレスマグ商品を集めて売り上げを確保している状況であり、会社を代表するようなヒット商品ではありませんでした。そこで、「象印のステンレスマグといえば、これ」と、だれもが思うような商品をめざすことにしました。

　ひとつのモデルだけで、国内外の売り上げ100万本を達成するという高い目標をかかげて、新商品の開発がスタートしたのです。

もとめられている商品をかたちにする

　まず取りかかったのが、ライバル商品の分析をおこない、なぜ売れているのか、その理由をさぐることでした。

　ライバル商品のよさについてのアンケートをおこなった結果、見た目の色、とくに「質感」が人気のポイントであることがうかびあがりました。それをもとに数多くのサンプル品をつくり、さまざまな人たちに手に取ってもらい、感想を聞くという作業をくりかえしおこないました。また、マイボトル用として購入するときは、「軽量・コンパクトであること」と「使いやすさ」を、商品を選ぶ際のポイントにしていることもわかりました。

　そこで、本体の設計を最初から見直し、びんの真空部分を極限まで小さくして小型化し、さらに中身の容量をふやすことに成功しました。また、それまでのステンレスマグは、ふたのこまかいところまで洗うことができませんでしたが、かんたんに分解できる「分解せん」を採用し、ふたも本体もこまかい部分まで丸洗いできるようにしました。しかも、この方式だと、ステンレスマグの高さをおさえることができ、さらにコンパクトになるという利点もありました。

手間をおしまず、こだわりぬいた色と質感

新商品の形状が決まりつつあるなか、ステンレスマグを選ぶ大きなポイントとしてあがっていた色と質感については、さまざまな調査結果をもとに候補をしぼっていきました。

各世代ごとによく読まれているファッション雑誌の色使いを参考にし、自社の工場や大学、ターミナル駅での街頭アンケートなどで、みんながどんなものをもち、それがどんな素材で、どんな色か、なぜそれが好きなのかなどの調査をしました。さらには、その人たちが気にいっている化粧品やカバンなどの小物も収集して比較し、色と質感の検討をかさねていきました。

調査の結果、男性は革や金属などの素材をいかしたシンプルな強さ、かっこよさをもとめていることがわかりました。女性の場合は、商品をもつことで自分が美しく見えるかどうか、他人からどう見られるかということをポイントにしていて、発色のいい、かがやきのある質感をもとめていることがわかりました。

そして、質感や色の組みあわせをかえたサンプルを60種類ほど製作しました。そこから色をしぼって、ロゼ、赤、シルバー、黒の4色に決め、色ごとに光沢やつや消し加工をほどこして質感に変化をあたえました。

質感へのこだわりは、キャップにまかれているステンレスのリングが象徴しています。リングを取りつけるには、コストや手間がかかりますが、シールなどは使わずに、本物のステンレスの質感にこだわりました。どんなに手間がふえようとも、開発担当から製造現場まで、妥協しようとする者はいませんでした。それだけ、この商品に会社の命運をかけていたのです。細部にこだわった商品のため、安定した量産化はかんたんではありませんでしたが、色や大きさごとに塗装のしかたなどを確立したことで可能になりました。

こうして2010年に発売されたステンレスマグSM-JA型は、目標の年間売り上げ100万本を達成する大ヒット商品になりました。

ステンレスマグ SM-PB型
2014年発売

従来よりも軽くなり、使いやすくなったステンレスマグシリーズ。

ボタンをおすだけでロックがはずれる「ワンタッチオープン」が採用されているので、キャップのしずくがとびちりにくい。

よごれがたまりがちな「せん」を分解して洗える。

繊維会社が開発した高性能浄水器
家庭用浄水器

三菱レイヨン・クリンスイ株式会社

オレンジジュースを透明にする浄水力

　一般家庭用の浄水器は、1980年代前半までは、水をろ過（液体をこして、まざっているものを取りのぞくこと）するために、炭を高温処理した「活性炭」を使っていました。しかし、活性炭だけでは、水道水にまじる小さな雑菌をすべて取りのぞくことはむずかしく、逆に、活性炭のなかで雑菌が繁殖するおそれがありました。

　1984（昭和59）年に、三菱レイヨンから発売された家庭用浄水器「クリンスイ」は、オレンジジュースを透明にしてしまうほどのろ過能力をもち、0.1マイクロメートル（0.0001mm）以上の雑菌、赤サビなども取りのぞくことができます。さらに、金属類やカビ、においのもととなる成分など、15種類もの物質を取りのぞく高性能のクリンスイもあります。

　蛇口直結型浄水器に使われているカートリッジは、1個で900リットル（2リットル用のペットボトル450本ぶん）の水を浄水できるうえ、水のろ過に電力もいりません。ペットボトルなどの容器もいらないので、地球環境にやさしく、きれいな水を使うことができます。

クリンスイ
1984年発売

デザインがちがう「クリンスイS」（左）と「クリンスイD」（右）の2タイプを発売。

浄水フィルターは欠陥品から生まれた

　クリンスイの高いろ過能力をささえているのが「中空糸膜フィルター」という、三菱レイヨンが独自に開発した繊維です。じつは、この繊維の開発は、欠陥品からはじまったものでした。

　1970年代、三菱レイヨンでは、寝具用として使用するため、マカロニ状の細い糸（中空糸）を研究していました。ある日、研究所に、自社工場で製造したポリプロピレン（プ

クリンスイの浄水のしくみ

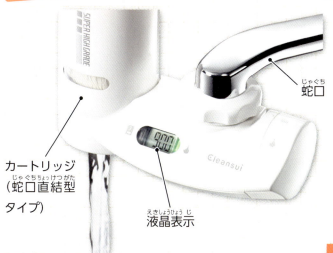

カートリッジ（蛇口直結型タイプ）

蛇口

液晶表示

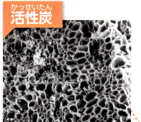

活性炭

こまかい穴がカルキ臭などを吸着し、除去する。

カートリッジ（ポット型タイプ）

中空糸膜の断面

真ん中に穴のあいたマカロニ状の糸がたくさんたばねられている。

蛇口直結型のクリンスイ（MD301）
水道の蛇口に直接取りつけるタイプのクリンスイ。水道水は、カートリッジ内の活性炭と中空糸膜をとおってろ過される。

拡大写真

糸の表面には小さな穴があいている。0.1マイクロメートルの穴を水がとおることで、除去物質が糸に吸着し、ろ過される。

ラスチックの一種）の繊維の欠陥品を調査してほしいとの依頼がまいこみました。本来は透明な糸が、真っ白になっていたのです。電子顕微鏡で繊維を観察すると、中空糸の表面に無数の穴があいていて、その穴に光が反射して白く見えていたのです。

研究員たちは、その欠陥品とされた中空糸の穴の大きさをコントロールすることで、血液や水をろ過できる繊維（膜）として使えるのではないかと考えます。

家庭用浄水器の開発へ

その後、欠陥品から生まれた中空糸について、深く研究がかさねられ、中空糸膜として、さまざまな分野への応用が検討されました。1983年には、中空糸膜と関連製品をあつかう事業部が発足し、クリンスイの原型となる携帯用浄水器の開発がスタートします。

開発のきっかけは、三菱レイヨンの当時の社長が海外出張時におこした腹痛でした。現

83

地の水にあたってしまったのです。

以前から、どこでも安心して水が飲めるようにしたいという思いをいだいていた社長は、帰国後、全社員にむけて「4か月で携帯用浄水器を開発せよ」という指令をだします。そして、4か月後につくりあげられたのが、クリンスイの原型となる、中空糸膜を使用した携帯型浄水器「真清水」でした。

しかし、発売直後は、浄水器の販売ルートもなく、あまり売れゆきはよくありませんでした。そこで社長は、社内の各部署で浄水を実演する「社員全員セールス・キャンペーン」をおこないます。その成果もあり、少しずつ性能がみとめられていきます。

そのころ、都市部での水道水の水質悪化が話題になっていました。そこで、三菱レイヨンは、真清水を発展させた、家庭用のすえおき型浄水器の開発をはじめます。新しい商品名は、社内で案をだしあい、「クリンスイ」と決められました。

世界にきれいな水を提供する

1984年、中空糸膜を使用した世界初の家庭用浄水器「クリンスイ」が発売されました。発売後、ニュースなどに取りあげられ、注目を集めました。その5年後の1989（平成元）年には、爆発的なヒットとなる商品が発売されました。水道の蛇口に直接セットできる

クリンスイ・プチ
1989年発売

下水処理や医療分野へ

中空糸膜は、下水処理・浄水処理などの水処理の分野でも利用されています。従来の排水処理（活性汚泥法）では、沈殿槽で汚泥をしずめて、水と汚泥を分離させていますが、中空糸膜をもちいた排水処理では、中空糸膜をとおすことで分離させ、透明度の高い水を取りだすことができます。

薬品を使わずに製造された安全な繊維ということから、医療分野では、心臓手術のときに肺にかわって血液から二酸化炭素を取りだし酸素を送りこむ「人工肺」を、医療機器メーカーと共同開発しています。

排水処理装置

「クリンスイ・プチ」です。蛇口に手軽に取りつけられることから人気をよび、浄水器ブームを生むきっかけとなりました。

2009年、クリンスイは機能面だけでなくデザイン面も評価され、グッドデザイン賞を受賞。ブランドイメージを新しくしました。

なかでも象徴的なのは商品ロゴマークです。水をあつかう商品なので、一般的には青や緑色がよく使われますが、クリンスイのロゴマークは赤です。これは明るく前むきに、きれいな水をとどける強い意志をあらわしています。クリンスイは発売から30年がすぎた現在でも、浄水器市場をリードする製品として進化をつづけています。

クリンスイのロゴマーク

クリンスイのうつりかわり

クリンスイPZ934
2001年発売

業界初の鉛・トリハロメタン除去能力にすぐれた蛇口直結型浄水器。

02クリンスイCSP1
2002年発売

浄水器にフィルター交換時期などを知らせるデジタル表示を採用。

02クリンスイCSP4
2003年発売

中空糸膜を使用したピッチャー型浄水器。

新しいクリンスイのシリーズ

CP025
2014年発売

ふたをはずさずに、そそげるポット型浄水器。冷蔵庫のドアポケットに収納可能。

CSP701
2013年発売

適正水量を文字で知らせる蛇口直結型浄水器。コーティング仕様なので、きずやよごれがつきにくい。

5年保存水
2013年発売

5年間保存できる備蓄用の飲料水。

伝統工芸の技がいかされた製品

化粧筆

株式会社白鳳堂

筆の町に世界的な化粧筆メーカー

　広島県熊野町は、約200年の歴史を誇る筆の生産地として有名です。筆とのつながりは、江戸時代に農家の人たちが、奈良県や和歌山県に出稼ぎにでた帰りに筆を買いつけ、途中の村で売っていたことにはじまります。その後、兵庫県などに筆づくりの製法をならいにいく人たちもあらわれ、町の特産品へと成長していきました。

　そんな熊野町に自社工場をおいて、月間で50万本もの高品質な化粧筆を生産しているのが白鳳堂です。大手化粧品ブランドなどへの化粧筆をOEM（相手先のブランド名で販売される製品）で生産し、世界中の女性に愛用されています。

S100 フィニッシング 斜め

職人のていねいな仕事により、適度なコシの強さと、肌あたりのよさをあわせもつ化粧筆。朱色にぬられたにぎり手は末広がりでもちやすい。

立ちふさがるさまざまな壁

　白鳳堂の社長の髙本和男は、1974（昭和49）年に、日本の伝統工芸を守りたいという気持ちから、筆の製造会社を創立しました。当初は、書道や陶磁器などに使う筆を製作していましたが、売り上げが少なく、それだけでは会社を維持できませんでした。そこで、化粧に使われる化粧筆を生産することにしました。しかし、化粧筆の業界は、卸業者の注文によって仕事をするしくみができていて、仕事量が月ごとに大きく変動するばかりか、価格競争のきびしい業界でした。

　筆の品質に自信のあった髙本は、自社ブランドを立ちあげて化粧品ブランドに営業をかけましたが、それまでの流通ルートが壁になり、取りあってもらえませんでした。

　そこで、メイク専門の雑誌を調べては、プロのメイクアップアーティストをたずね、営業をくりかえしました。しかし、白鳳堂の化粧筆の品質はみとめてくれますが、職人が1本1本、時間をかけてつくる伝統工芸の生産方法では、量産は無理だといわれて、相手にしてもらえませんでした。仕事で使ってもら

うためには、品質をたもちながら量産できなければならないのです。

海外へ積極的に売りこむ

そこに転機がおとずれます。髙本は、ニューヨークで活躍中の日本人メイクアップアーティストの記事を、たまたま読んでいた雑誌で見つけたのです。

ちょうど留学中だった髙本の甥に、その人物の居場所をさがしだしてもらい、髙本は直接あうため、アメリカにわたります。化粧筆を見せると、メイクアップアーティストはその品質の高さに感激し、カナダのある化粧品ブランドを教えてくれました。

今度は、カナダに住む友人にお願いして化粧品ブランドをさがしだしてもらい、カナダのトロントにある本社へ乗りこみます。メイクアップアーティストでもあったその会社の社長は、白鳳堂の化粧筆の品質の高さをすぐにわかってくれました。

手作業と道具化をうまくブレンド

しかし、カナダの化粧品ブランドは、化粧筆の品質をみとめたものの、日本のメイクアップアーティストとおなじように、品質をたもちながら安定した量産ができるのか不安に思っていました。

そこで髙本は、生産工程を細分化し、それまで7～8工程だったものを80工程にしました。職人がひとつの工程に専念し、くりかえし作業をすることで、品質をたもつようにしたのです。

また、筆の毛先をととのえる工程では、道具を使うことで、だれでも均一の形に仕上げることができるようにしました。そのかわり、道具化できない工程では、徹底的に手作業でおこなっています。こうして、手作業と道具化をうまく組みあわせて作業を効率化することで、高品質な化粧筆を安定して量産することが可能になったのです。

白鳳堂は、日本の伝統工芸を守りながら、手に取りやすい製品を生みだした功績により、2005（平成17）年、「第1回ものづくり日本大賞」の内閣総理大臣賞を受賞しています。

かみそりをあてながら指先の感触で毛を取りのぞく作業は、すべての工程でくりかえされる。よい化粧筆をつくるために、3～5割もの毛がすてられる。

コマとよばれる型に毛をいれて、筆先の形をきれいにととのえる作業。職人がおなじ道具を使うことで、品質を均一にすることに成功した。

「ものづくり日本大賞」とは、製造・生産の分野や伝統工芸の分野などで、すぐれた成果をなしえた個人や団体にあたえられる賞。各分野ごとに、内閣総理大臣賞、経済産業大臣賞、特別賞などがある。

世界をおどろかせた堅牢性
腕時計
カシオ計算機株式会社

腕時計の常識をくつがえす堅牢性

「G-SHOCK」は、1983（昭和58）年にカシオ計算機が発売した腕時計です。落下強度10m、防水性能10m、電池寿命10年をコンセプトに開発され、それまでの「こわれやすい精密機器」という腕時計の常識をくつがえす驚異の堅牢性をもちあわせていました。

200本以上の試作品を開発

G-SHOCKの開発は、ある若手技術者が提出した企画書の「落としてもこわれないじょうぶな時計」ということばがきっかけでスタートしました。

カシオ計算機の若手技術者は、まず腕時計を会社の建物の3階から落下させる実験をくりかえします。しかし、200種類以上の試作品をつくりましたが、地面にたたきつけられた衝撃で、すべてがこわれてしまいました。衝撃吸収用のゴムを時計のまわりにまきつけましたが、ソフトボールくらいの大きさになるまでまかなければ、やはりこわれてしまいます。

試行錯誤のすえ、若手技術者は、5段階の衝撃吸収構造を考案しました。ケースカバー、保護ゴムなどの5つの部品で衝撃を吸収するしくみです。それぞれの部品の強度を向上させる方向で開発がすすめられました。

G-SHOCK DW-5000C-1A 1983年発売

G-SHOCKシリーズの最初のモデル。シリーズの累計販売数7000万個以上を誇る。

G-SHOCK GW-9400J-1JF 2013年発売

2013年のグッドデザイン賞受賞モデル。堅牢性にくわえて、電波受信での時刻補正や、ソーラー充電など、最新鋭の腕時計の機能をあわせもつ。

しかし、そこへ新たな問題が発生します。どうしても、心臓部の電子部品が1か所だけこわれてしまうのです。こわれた部品の強度を高めると、こんどはべつの部品がこわれてしまいます。原因は、各電子部品の微妙な強度のばらつきでした。とはいえ、すべての部品の強度をぴったりとそろえることは不可能です。発売日が決まっているにもかかわらず、不具合を解決する方法が見つからない状況がつづきました。

ボールのなかにうかんだ時計

ある日、若手技術者は、公園でボール遊びをしている子どもたちを見て、ボールのなかに時計がうかんでいるイメージを思いつきます。もしもボール内に時計がうかんでいたら、高い位置から落としてもボール内側に衝撃が伝わらないので、時計はこわれません。そのイメージをもとに、5段階衝撃吸収構造で衝撃を吸収したあと、ゴムのささえによって、時計の心臓部をういたような状態にする構造を考案しました。これがG-SHOCKの堅牢性を維持する考えかたです。

衝撃的なテレビCMで大ヒット

こうしてG-SHOCKは発売されましたが、最大の特徴である堅牢性をあらわす基準が日本にはありませんでした。当時は、薄く小型の腕時計に人気があり、ヒットするような種類の商品ではなかったのです。

最初にG-SHOCKが注目されたのは、製品を発売した年にアメリカで放送されたテレビCMでした。G-SHOCKの構造を知ってもらうために、プロアイスホッケー選手に依頼し、パックのかわりにG-SHOCKをスティックではげしく打ちつける刺激的なCMを製作し、テレビで放映したのです。

そのCMが話題をよび、実証実験のテレビ番組までつくられることになります。大きな衝撃をうけても正確な時刻を表示しつづけるようすを目にした視聴者は、G-SHOCKの堅牢性を知ることになり、たちまち人気に火がつきます。そして、アメリカでのヒットをうけて、日本でもG-SHOCKが注目されるようになりました。

2014(平成26)年には、G-SHOCKシリーズのバリエーションが3000本以上になり、世界115か国で愛用されています。

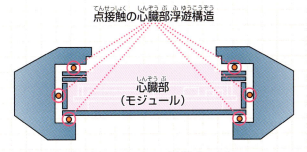

G-SHOCKのしくみ（断面図）

点接触の心臓部浮遊構造
心臓部（モジュール）

部品を点で接触させ、時計の心臓部が宙にういたような状態にした。

小型化と洗浄力を両立！
衣料用洗剤

花王株式会社

ひみつは洗剤の粒と酵素

花王から発売されている家庭用の洗剤「アタック」シリーズは、1987（昭和62）年の発売以来、20年以上にわたって売れつづけている大ヒット商品です。

この洗剤の最大の特徴は「スプーン1杯でおどろきの白さ」とキャッチフレーズでもうたわれていたように、少ない量でもきちんと洗い落とす高い洗浄力です。その洗浄力を実現させたのが、洗剤の粒の小型化と、花王が独自に開発して配合した酵素です。

洗剤が本来の洗浄力を発揮するためには、すばやく水にとける必要があります。それまでの洗剤は、粒の表面から内側へと水がしみこんでとけていくため、洗剤のとけるはやさをあげるのに限界がありました。そこで、真ん中が空洞になった洗剤の粒が開発されました。この粒が水と接触すると、内部の空気がはじけて、粒がいっきにこわれるため、すぐにとけるのです。この技術により、従来の製品よりも短時間で洗剤を水にとかすことが可能になりました。

また、独自に開発した酵素によって、襟や袖口の繊維のすきまにはいりこんでいるタンパク質が分解されるので、よごれが落ちやすくなりました。これで、洗剤だけでは落としにくかったよごれにも対応できました。

省資源化や環境問題にいちはやく対応

アタックが誕生した背景には、コンパクトな洗剤をのぞむ主婦などの声がありました。

花王の衣料用洗剤のうつりかわり

花王 粉せんたく
1951年発売

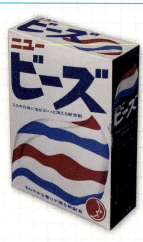

ニュービーズ
1963年発売

アタック
1987年発売

アタックNeo
2009年発売

◀ かんたんにできるアタックのつめかえのくふう ▶

ストン！といれて
つめかえ用洗剤の袋をもちあげて、洗剤を使いおえた箱のなかにいれる。

スーッと切ると
つめかえ用洗剤の袋の口を切る。

ピタッと密着！
つめかえ用洗剤の袋をひらき、箱の内側に密着させる。

アタックが開発される以前は、スーパーなどの洗剤売り場には、箱の大きな重い洗剤がならんでいるのが一般的でした。洗剤を買うと、ほかの買い物ができなくなってしまうといったこともあったのです。

花王はこうした状況から、少量の洗剤でおどろくような洗浄力をもち、箱を小型化した「コンパクト洗剤」の必要性を感じて開発をスタートさせたのです。

使う側に立った花王の商品開発の姿勢は、環境保全にもおよんでいます。アタックには、洗浄力は高くても環境に影響をおよぼす物質のリンではなく、自然由来の鉱物（ゼオライト）が使われています。

また、箱やスプーンを再利用できる「つめかえパック」をすすめて、商品輸送にかかる燃料や二酸化炭素の削減にも配慮しています。2009（平成21）年からは、環境宣言「いっ

環境に配慮した花王の商品には、「いっしょにeco」のロゴマークがつけられている。

しょにeco」を開始し、原料から流通までの流れのなかでも、環境に配慮した活動をめざしています。

いまも昔も、使い手を考えた商品づくり

花王は、明治時代に、まだ輸入品で高価だった石けんを国産化しようと、1887（明治20）年に東京・馬喰町の裏通りに創業した「長瀬商店」がはじまりです。現在の花王という社名は、当時「顔石けん」とよばれていた高級化粧石けんにちなんだものです。

花王が売りだした石けんは、値段が高いながらも、高品質と、一流デザイナーを起用したパッケージ、熱心な販売活動などが実を結び、売れゆきは好調でした。当初は手づくり

初代の「花王石鹸」。ろう紙と上質紙で包装されて、豪華な桐箱におさめられた高級品だった。

だった石けんも大量生産を実現し、石けんを日本人の生活になくてはならない日用品にまで普及させました。

品質のよい国産石けんの製造に着手した創業当時の姿勢は、使い手の要望を取りいれ、小型でもちはこびしやすく、よごれがしっかり落ちるアタックへとうけつがれています。

進化をつづける「アタック」シリーズ

アタックは、さらに進化をつづけています。2009年に発売された「アタックNeo」は、成分を濃縮させた液体洗剤です。これまでの洗剤では、すすぎが2回以上必要でしたが、泡切れのよいアタックNeoでは、「すすぎ1回」を実現し、時間も水も電気も、大幅に節約できるようになりました。これにより、洗濯時間をもっと短縮したいという主婦の要望をかなえました。

アタックNeoを開発するにあたって、花王は、短時間で洗濯はできるが、よごれ落ちに不安のある洗濯機の「スピードコース」を活用できないかと考えました。しっかりよごれが落ちるとされている10分という時間を半分にすることを目標に、アタックの成分を見直し、新しい成分を研究します。そして、試行錯誤の結果、襟や袖口などの落ちにくいよごれだけでなく、スパゲティやカレーなどの食べこぼしのよごれも短時間で落とすことを可能にしました。

こうして発売されたアタックNeoは、たちまち人気となり、主婦層だけでなく、いそがしい毎日をおくる幅広い層の人たちにうけいれられました。

ウルトラアタックNeo
2013年発売

皮脂、食べこぼし、においよごれを従来の2倍のスピードで強力に分解。洗濯機のスピードコースでも、標準コースと同等の洗浄力を実現。

アタックNeo 抗菌EX Wパワー
2014年発売

液体洗剤では唯一、漂白剤を配合。衣類だけでなく、洗濯槽のカビやタオルのポツポツカビもふせぐ。部屋干しやのこり湯洗濯でも、しっかり抗菌・消臭が可能。

発売から80年をこえるロングセラー
貼り薬

久光製薬株式会社

人気の貼り薬をさらに改良

　肩こりや腰痛に効果のある鎮痛消炎剤「サロンパス」は、久光製薬が生んだロングセラーの貼り薬です。

　久光製薬の前身となる会社が佐賀県鳥栖市東部にある田代で創業したのは、江戸時代後期の1847（弘化4年）のことです。田代は、昔から製薬業がさかんな土地でした。

　サロンパスが発売されるまで、貼り薬といえば、ごま油と鉛丹という顔料の一種を和紙の上にのばしたものが主流でした。なかでも、1903（明治36）年に、久光製薬の前身となる会社が発売した「朝日万金膏」は、当時、人気の貼り薬となっていました。

　しかし、貼る前に火鉢の上であぶるなどの手間がかかることや、和紙からしみだしてし

サロンパスAe®
現在のサロンパス®

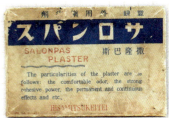

サロンパス®
1934年発売
発売当時のサロンパス®

まうこと、ごま油特有のにおいがあること、黒色の膏薬が肌にのこることなど、さまざまな課題がありました。

　そこで、朝日万金膏の課題を改良するための研究がおこなわれました。現在のような高性能の機材などもないなか、試行錯誤をかさねたすえ、1934（昭和9）年に「サロンパス」が商品化されました。

　この名前は、主成分である「サリチル酸メチル」と、膏薬を意味する「プラスター」ということばをヒントにしてつけられました。それまでの貼り薬とはちがって、白く清潔感

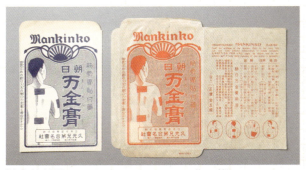

朝日万金膏®　和紙に薬をのばして貼り薬とした。

サロンパス発売80周年を記念した2階建てオリジナルバス「サロン・ド・サロンパス」。

「サロン・ド・サロンパス」のイベントでは、併設した薬店において希望者にサロンパスの商品見本を配布。

があり、さわやかなハッカ(メントール)の香りをもち、そのまま肌に貼ることができるもので、当時としては画期的な商品でした。

積極的な宣伝活動

久光製薬の4代めの社長にあたる中冨正義は、「いくらよい商品でも、お客様に使っていただけないなら意味がない」と考え、積極的な宣伝活動をおこないます。

サロンパスの発売当初から、宣伝活動で出会った人たちに直接、商品見本をわたして、サロンパスを知ってもらう実物宣伝(実宣)や広告活動に力をいれてきました。中冨はみずから銭湯にでむいて、風呂あがりの人たちの体にサロンパスを貼ってまわることもしました※。1953年ごろからは宣伝車を導入し、国内はもちろん、海外でも宣伝活動が展開されました。

2014(平成26)年のサロンパス発売80周年を記念した宣伝活動では、2階建てオリジナルバス「サロン・ド・サロンパス」によるイベントが全国各地でもよおされました。

※昔は銭湯での商品体験も可能でした。

その際にも、希望者に商品見本を配布しています。商品を紹介するスタイルは、その時代にあわせて変化させながら、いまもかわらずつづけられています。

話題となったCMソング

1960年代には、宣伝活動の一環としてサロンパスのCMソングもつくられました。「サロンパス、サロンパス、ぐんぐんしみこむサロンパス、はってすっきりサロンパス……肩がこりますサロンパス、腰の痛みにサロンパス、お風呂すんだらサロンパス、夜はすやすやサロンパス」と、サロンパスの効果や用法がもりこまれたユニークなCMソングは好評をえました。

要望にあわせた商品をつぎつぎに開発

久光製薬は、お客様の要望にあわせて、さまざまな用途やこのみに対応したサロンパスを開発してきました。

1977年には、外出するときなどに、においが気になるという声にこたえて香りをおさ

えた微香性タイプを開発します。1985年には、血行を促進するビタミンEを配合し、1990年には、汗を吸収して肌にやさしい高分子吸収体を配合しました。また、1996年には、ビタミンEを倍増させた商品を発売しています。

そのほかにも、目立たず、におわないタイプの「サロンパス-ハイ」、肌にやさしくやわらかい素材の「サロンパス30」、のびちぢみして体のどんな部位にも貼りやすい「ら・サロンパス」などの商品も開発してきました。

サロンパス®のさまざまな商品

サロンパス-ハイ®
1982年発売

目立たない、におわない薄型半透明タイプ。

サロンパス30®（サーティ）
1986年発売

植物性成分配合。刺激がマイルドで肌にやさしいタイプ。

ら・サロンパス®
1998年発売

のびちぢみして、肌にやわらかくフィットするタイプ。

サロンパス®の貼りかた

サロンパスを使った4つの貼りかたを紹介します。

ハの字貼り®

首・肩のコリをほぐす。肩だけでなく、首にも貼る。

介の字貼り®

首・肩・背中のコリをほぐす。肩と首、さらに肩甲骨と背骨のあいだにも貼る。

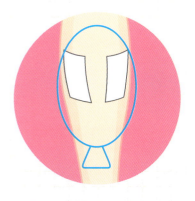

ヒラメ貼り®

立ちづかれや歩きづかれをやわらげる。ふくらはぎをはさむように左右に貼る。

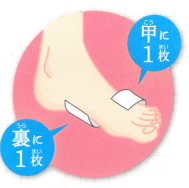

はさみ貼り®

歩きつかれた足をほぐす。足の甲と裏の両方に貼る。

かんたん・便利な魔法のとめ具
面ファスナー（マジックテープ）

クラレファスニング株式会社

面ファスナーの歴史

布製品などのとめ具として使われる「面ファスナー」は、1948（昭和23）年にスイスでおこったあるできごとがきっかけで開発されました。狩猟のため、愛犬をつれて山をおとずれていたジョルジュ・デ・メストラルは、犬の毛に野生のゴボウの実がたくさんくっついているのに気づきます。不思議に思い、その実をもちかえって顕微鏡でくわしく調べてみました。ゴボウの実は、先のまがったフック状のトゲでおおわれていて、そのトゲが犬の毛にしっかりとからみついていたのでした。

これをヒントにして、彼は研究をかさね、数年後に、特殊ナイロン糸を使用して、無数のフック（かぎ）とループ（輪）を組みあわせた構造の着脱が自由な面ファスナーを考案しました。

拡大写真
ゴボウの実。トゲの先端がフック状になっている。
©Arctium lappa

面ファスナー（マジックテープ）
1960年発売

フック

ループ

面ファスナーは、かぎ状の「フック」が、輪の形をした「ループ」にひっかかることによってくっつきます。ワンタッチでかんたんにくっつき、一度くっついたあとでも、かんたんにひきはなすことができます。

着脱自在な魔法のテープ

この面ファスナーに着目したのがクラレファスニング（旧：日本ベルクロ）でした。日本では、面ファスナーよりも、「マジックテープ」といったほうがなじみがあるでしょう。1960年に、クラレファスニングが、日本ではじめて面ファスナーの製造・販売をはじめたときの登録商標が「マジックテープ」です。

発売当初は思ったほど売れず、普及しませんでした。なぜなら、それまでになかった製品なので、どんな用途に使えばよいのか、売

る側もよくわかっていなかったのです。

当時、とめ具としての機能は、衣類用ではボタンやホックが主流でしたし、スライド式で開け閉めできるファスナー（ジッパー）もありました。面ファスナーは、自動車のシートやおむつカバーなどに使われることはありましたが、広く使われるまでにはいたりませんでした。また、ほかのとめ具などより値段が高かったことも、普及がすすまない理由のひとつでした。

新幹線とともに全国に普及

マジックテープの普及のきっかけになったのは、1964年10月の東海道新幹線の開業でした。新幹線の座席のヘッドレストカバー（頭をあてる布）のとめ具として、マジックテープが採用されたのです。清掃するときに、ひとつひとつ取りはずさなければならないホックやボタンよりも、着脱がかんたんなマジックテープのほうが適していたからです。

それ以降、マジックテープはさまざまな商品に使われるようになりました。マジックテープをとめ具に使った布製の財布、サーフウォレットは、1980年代にアメリカ西海岸で流行し、日本でもヒット商品になりました。

マジックテープは、初代0系新幹線の座席に使用されているヘッドレストカバーにもちいられた。

さまざまな場面で活躍するマジックテープ

布のように柔軟性があり、体の動きにフィットするマジックテープは、とめ具として、さまざまな製品に使われています。

医療用のサポーター

靴

血圧計

バッグ

さまざまな面ファスナー

面ファスナーはフック（かぎ）がループ（輪）にひっかかることによってくっつきます。フックとループのならびや形によって、いろいろなタイプのものがあります。

マジックテープ

ループがならんだ面とフックがならんだ面を強くおしあてるとフックがループにひっかかってくっつく。

フリーマジック

フックとループがおなじ面にならんだタイプ。くっつく力が強力で、ものをひとつに取りまとめるときなどに使われる。

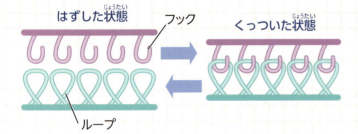

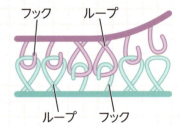

マルチロック

両面がマッシュルーム型になっており、マッシュルームの頭と頭をつきあわせておしこむと、頭同士がかみあってくっつく。

マジロック

フックが矢尻型のタイプ。プラスチック成形がされていて、強力に結合する。

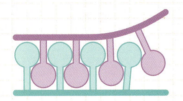

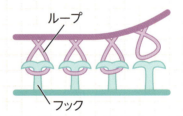

マジックハード

マッシュルーム型のフックがループにひっかかると、かんたんにははずれない。

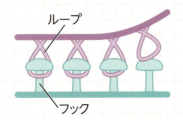

マジックテープのお手入れ

マジックテープがついた衣類などを洗濯機で洗う場合は、フック面とループ面をしっかりとめておくか、洗濯用ネットにいれます。こうすると、ほかの洗濯物にくっついたり、糸くずなどがつくのをふせげます。アイロンをかける場合は、直接マジックテープにふれないように、当て布をします。

第3章
乗り物・精密機器・医療器具 ほか

人間の目のようなカメラで危険を察知！
自動車運転支援システム

富士重工業株式会社

大きな事故をふせぐために

みなさんのなかには、車に乗って買い物にでかけたり、旅行にでかける人もいることでしょう。自動車の第1号がフランスで発明されてから約250年たった現在、車は交通手段のひとつとして、すっかり身近なものとなりました。

しかし、その一方で、車は、さまざまな交通事故をひきおこす危険性をともなった乗り物でもあります。そうした事故をふせぐために開発されたのが、「自動車運転支援システ

アイサイトを搭載した車（レヴォーグ）。富士重工業では、さまざまな車種にアイサイトを搭載している。

ム」です。自動的にブレーキがかかって車を停止させる「自動ブレーキ」などの機能があります。

アイサイトのシステムイメージ

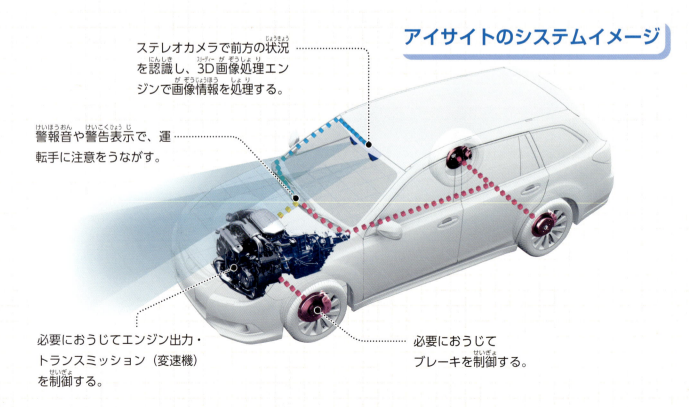

ステレオカメラで前方の状況を認識し、3D画像処理エンジンで画像情報を処理する。

警報音や警告表示で、運転手に注意をうながす。

必要におうじてエンジン出力・トランスミッション（変速機）を制御する。

必要におうじてブレーキを制御する。

第3章 乗り物・精密機器・医療器具 ほか

ステレオカメラ
レーダーでは物体の形はわからないが、ステレオカメラが搭載されているので、形までわかる。

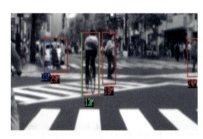
カメラがとらえた画像をもとに、物体を立体的に認識。輪郭や大きさから、何であるかを判断する。

ステレオカメラは、壁のほか、白線も認識できるので、道路の形状なども判断する。

ステレオカメラのしくみ

左カメラと右カメラで、少しずれた映像をとらえている。

手前にある物体と、遠くにある物体では、ずれ具合がちがうので、物体までの距離をはかることができる。

ここでは、富士重工業が開発した「アイサイト」を例にして、自動車運転支援システムのしくみについて説明していきます。

まわりの風景を立体的に把握

富士重工業が、自動車運転支援システムを開発しはじめたのは1989（平成元）年です。その背景には、「歩行者をふくめたすべての人を事故からすくいたい」という会社の思いがありました。

そして、2008年に完成したのがアイサイトでした。アイサイトは、2つのステレオカメラの機能によって、ブレーキを自動的にかけたりするシステムです。

人の目は、右目と左目でやや異なる映像を見ていて、その差が大きければ近くにあるもの、小さければ遠くにあるものとして、まわりの風景を立体的にとらえています。

アイサイトのステレオカメラは、この原理を利用しています。左右のカメラがとらえた

◀アイサイトの機能▶

ついていく技術

全車速追従機能付クルーズコントロール
時速0～100kmのスピード範囲で前の車についていき、前の車が停止すると、それにつづいて自動で停止する。

とびださない技術

AT誤発進抑制制御
まちがえて前へすすんでしまったとき、車の前に建物や壁があると、エンジンを弱めて発進しにくくする。

注意してくれる技術

警報&お知らせ機能
車がふらついたり、車線からはみだしそうになったりしたら、運転手に警報音で教えてくれる。

画像のなかから、おなじ距離に位置するものを見つけて立体として検出し、その大きさや輪郭から、検出された立体が何であるかを判断します。

これにより、アイサイトが搭載された車は、車体の前方にある物体との距離やその形、移動速度を正しく認識し、自動でブレーキをかけることができます。アイサイトにおける2つのカメラは、人の目とおなじような役割をしているのです。

自動ブレーキ以外のすぐれた機能

アイサイトには、ほかにも運転を手助けしてくれるさまざまな機能がそなわっています。

まず1つめの機能としてあげられるのが「全車速追従機能付クルーズコントロール」です。

これは、前方に車が走っている場合、前の車のスピードにあわせて、自分の車を自動的にすすめたり、とめたりする機能です。すすんだりとまったりして、なかなか目的地に着かないような渋滞時に力を発揮します。

2つめは、「AT誤発進抑制制御」とよばれる機能です。この機能は、前方にある建物や壁に車がぶつかりそうになった場合、エンジンの力を弱めて発進しにくくするというものです。これにより、建物などにぶつかる危険をさけることができます。

3つめの機能としてあげられるのが「警報＆お知らせ機能」です。

長時間のドライブなどで集中力が低下していると、道路の車線からはみだしたり、ふらついてしまったりしても、運転手は気づきにくいものです。アイサイトが搭載された車では、そうした危険をいちはやく察知し、警報音をだして運転手に知らせてくれます。

これらの機能は、いずれも、ステレオカメラが前方の物体を立体的に認識できるために実現したもので、どの機能が作動するかは、アイサイトの車両制御ソフトウェアで判断されます。

基本性能がさらにアップ

運転手を手助けしてくれるこうした機能が利用者によろこばれ、アイサイトが搭載されている車の販売台数は25万台を突破しました。その後、ステレオカメラやプリクラッシュブレーキ（自動ブレーキ）、全車速追従機能付クルーズコントロールの性能が向上し、さらに機能が充実していきました。

進化をつづけるアイサイト

ステレオカメラの性能アップ

画像がカラーになったことで、前の車のブレーキランプの点灯を認識できるようになったほか、望遠化・広角化で、より多くの物体を正しく認識できるようになった。

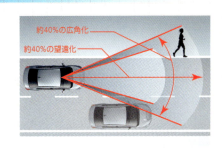

カメラの認識範囲が大きく広がった。

プリクラッシュブレーキの性能アップ

ステレオカメラの望遠化・広角化で、よりはやく、より正確に、衝突回避のための自動ブレーキが作動するようになった。

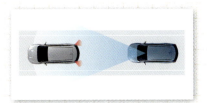

よりはやいタイミングで危険を察知。

より確実にシステムが作動。

全車速追従機能付クルーズコントロールの性能アップ

カメラの広角化で、より広く、前の車を認識できるようになったほか、よりスムーズに車の加速や減速ができるようになった。

より広い範囲で前の車を認識。

わりこみがあっても、よりはやく認識。

縫い目のないセーターを実現！
無縫製ニット横編機

株式会社島精機製作所

「東洋のマジック」と絶賛された横編機

　毛糸などの糸を編んでつくるニットウェアは、通常は長方形の生地から前身頃（胴体の前の部分）と後身頃（胴体のうしろの部分）、袖のパーツに裁断し、それぞれを縫いあわせてつくられます。この方法でニットウェアを製造すると、裁断したのこりの生地はむだになってしまいます。

　和歌山市にある島精機製作所では、世界初の無縫製型横編機を開発し、それまでには考えられなかった、無縫製のニットウェアを一着丸ごと編みあげる技術「ホールガーメント」を確立しました。このホールガーメントは世界のニットウェア業界に衝撃をあたえます。1995（平成7）年にイタリアのミラノで開催された国際繊維機械見本市で、編機から無縫製のセーターが仕上がるデモンストレーションをおこなったところ、それを目にした来場者から、「東洋のマジックだ」と、大きなかっさいをあびました。

ホールガーメントの出発は手袋

　島精機製作所創業者・島正博は、18歳のときに、いまや常識になっている、手首にゴム糸をいれた安全手袋を発明しました。それまでの手袋は、手首部分をしめつける編みかたであったため、のびちぢみがなく着脱しに

ホールガーメント横編機 MACH2X
2007年

ニットウェアを一着丸ごと編みあげる横編機。

創業者・島正博

第3章 乗り物・精密機器・医療器具 ほか

従来の編みかた
生地を各パーツごとに裁断し、それぞれのパーツを縫いあわせてつくる。

30%のむだな部分が発生

裁断 → 縫製

通常のニットウェアでは、胴体の表と裏、胴体と袖を縫いあわせたあとがある。

ホールガーメントの編みかた
横編機で一着丸ごと編みあげる。

→ 無縫製 →

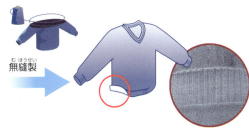

ホールガーメントで製造されたニットウェアには、縫いあわせたあとがない。

くいものでした。そのため、工場などで手袋を使う際、機械にまきこまれて、大きな事故につながるケースがありました。この発明のおかげで手袋の着脱が容易になり、事故もへりました。自分の考えた技術が世間の役に立つことをまのあたりにした島は、新しい価値を創造して社会に貢献することが自分の使命だと確信しました。

1964（昭和39）年、島は、手袋をすべて自動でつくる世界初の「全自動手袋編機」を開発します。それはわずか、2分15秒で指先から手首まで一気に編みあげる画期的なものでした。

その後、工業用横編機の分野も手がけ、1967年に、世界初の「全自動フルファッション衿編機」を開発しました。島精機製作所は、この技術開発をきっかけに横編機メーカーとして、その名が知られるようになります。

島精機製作所では、「ないものはみずからつくりだす」という理念のもと、さらに世界初の独自技術の開発にふみだします。1970年代後半からはコンピュータ制御を導入し、1980年代には、糸の供給量をコントロールする糸送り装置を開発しました。これにより、

全自動手袋編機（角形）
1964年

全自動フルファッション衿編機
1967年

ホールガーメントの技術は、手袋編機の技術に着想をえている。①手袋。②指先に穴のあいた手袋。③人さし指、中指、薬指を1本の筒にすると、ニットウェアの胴体部になる。④手袋の手首はニットウェアのタートルネックの部分に、親指と小指は袖にあたる。

島精機製作所が開発した編み針、スライドニードル。

製品の仕上がりの寸法の誤差をプラスマイナス1%以内におさえることができるようになりました。また、150年間おなじ形だった編み針を改良したことで、従来の4倍の編みかたが選択できるようになり、デザインの幅も広がりました。

地道な技術開発の努力が苦境をすくう

1990年代になると、日本のニットウェアの生産拠点は、コストの安いアジアなどにうつっていきます。ニットメーカーは、従来の品質の高さだけでなく、より多くのデザインバリエーションをもちあわせて、少量生産をもとめられるようになります。

多くの日本メーカーが苦境に立たされるなか、島精機製作所は、この流れを食いとめるために、製造工程の簡略化、付加価値の高いものづくりが可能なホールガーメント横編機の開発をおこない、1995（平成7）年に発売しました。現在では、一着を最速20分の速さで編みあげ、多彩なデザインバリエーションも可能になっています。横編機の開発をリードする企業として、ヨーロッパ、アジアなど、世界各地に輸出しています。

医療や宇宙分野にも進出

ホールガーメントの美しいシルエットは、ベネトンやグッチ、エルメス、マックスマーラなど、海外の一流ブランドに採用されています。そして、その用途はアパレル業界だけにとどまりません。たとえば、患者にあわせ

デザインシステム「SDS-ONE APEX3」

デザインのデータを登録することで、3Dシミュレーションが可能。横編機に接続すれば、そのままニット製品を編みあげることもできる。

たオーダーメイドの医療用サポーターへ応用されるなど、医療分野への進出もすすめています。

さらには宇宙分野でも、ホールガーメントの技術は利用されています。国際宇宙ステーション（ISS）で活動する宇宙飛行士の普段着や運動着の製作の依頼を宇宙航空研究開発機構（JAXA）からうけ、ホールガーメントで製造しました。日本人の土井隆雄宇宙飛行士、山崎直子宇宙飛行士も着用しました。

宇宙空間では重力がないため、地上とくらべて上半身の血流がふえ、むくんだ状態になります。その点、縫い目がなくて動きやすく、伸縮性があるホールガーメントのニットウェアは、宇宙空間での活動にぴったりでした。宇宙飛行士たちのそれぞれの体格を計測し、上半身がむくんでも快適に着られるようにこ

最初に採用された土井隆雄宇宙飛行士の服はラガーシャツタイプだった。

まかく調整されたニットウェアは、国際宇宙ステーション内での作業で、その性能が実証されています。

だれでも、自分がほしいと思う服をぴったりのサイズで手にいれることができる――。ホールガーメントは、わたしたちが着る洋服の理想にもあてはまります。わたしたちがイメージする洋服をすぐにつくることができる、そんな究極の夢にむかって、ホールガーメントの技術は進化しつづけています。

学べる施設

フュージョンミュージアム
和歌山県和歌山市

島精機製作所の歴代の機器を見学しながら、横編機の原理やニット素材を学べるほか、自転車をこいでコンパクトなホールガーメント横編機を動かしてオリジナルのマフラーを編める体験コーナーもある。

手袋やマフラー、クッションカバーが製作できる体験コーナー。

ウィリアム・リー（イギリス）が発明した足踏み式メリヤス編機。世界でもオリジナルが数台しかのこっていない貴重な編機。

本人かどうかを体の一部で確認
生体認証技術

富士通株式会社

生体認証って、なに？

みなさんが成長して大人になると、運転免許証やパスポートなどで、本人かどうかの確認をもとめられる場面がふえます。

ただし、これらの証明書は、ぬすまれたり、落としたりすると、悪用されてしまう危険性もあります。そうしたことをうけ、確実に本人であることを確認する手段として研究開発されているのが、ひとりひとりの身体や動きかたの特徴の個人差にもとづいた「生体認証技術」で、現在、その実用化がすすんでいます。

生体認証のしくみは、わたしたちが家族や友だちの顔を見たり、声を聞いたりして、だれかを識別していることと、とてもよく似ています。

たとえば、顔を使った「顔認証」という方式があります。また、「声紋認証」という方式もあります。声紋とは、人の声を分析して特徴をぬきだしたパターンのことです。さらに、目の瞳の周囲にあるもようを使った「虹彩認証」や、目の奥にある血管パターンを使った「網膜認証」といった方式もあります。

こうした生体認証の方式のうち、多く利用されているのが、これから紹介する「指紋認証」と「静脈認証」です。

指のでこぼこを利用した指紋認証

まずは指紋認証です。指紋とは、指の腹の皮膚にあるもようのことで、人それぞれことなります。そのため、犯罪捜査では、犯人をわりだす手がかりとして、古くから指紋が利

生体認証に利用される体の部位など

顔

声紋

指紋

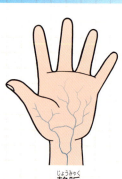
静脈

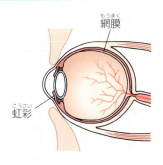
虹彩・網膜

第3章 乗り物・精密機器・医療器具 ほか

指紋認証

指紋は、小さく薄いセンサーでも読み取れるので、さまざまなものにセンサーを取りつけて使うことができる。

提供：富士通株式会社

静脈認証

静脈を使って認証をおこなうので、確実に本人であることを確認できる。

提供：富士通株式会社

用されてきました。これを応用したのが指紋認証です。

では、指紋認証においては、どのようなしくみで本人かどうかを確認しているのでしょうか？　それを知るために、まずは指の腹の表面を見てみましょう。指の腹の表面には指紋があり、目で見ただけではわかりませんが、じつは、でこぼこによって、もようが形づくられています。このでこぼこした指の腹をセンサーの上におくことから指紋認証ははじまります。

でこぼこした指の腹をセンサーの上におくと、センサーがその情報を読み取ります。センサーは、何万個もの電極をもっていて、表面に近づくものにおうじて電荷（電気のもとになる小さな粒）がたまるようになっています。これを電気信号にかえたのち、登録してある情報と一致するかどうかで、本人かどうかの確認をおこなうのです。

読み取った情報と登録してある情報とが一致するかどうかを判断する際には、「特徴点」とよばれるものが使われます。

特徴点とは、指紋のでこぼこでつくられたもようのなかでも、とくに目立った部分のこ

指紋の読み取りのしくみ

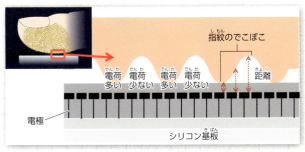

指紋のでこぼこがあるところでは、電極から遠いところと近いところができ、電荷のたまり具合がちがう。この電荷のたまり具合を電気信号にかえて、指紋を画像として読み取る。

提供：株式会社富士通研究所

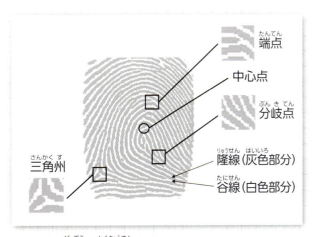

読み取り画像の特徴点から、方向や種類、中心点からの座標などがデータ化され、登録画像のデータとのあいだで比較されて照合がおこなわれる。

提供：株式会社富士通研究所

とです。おもに、中心点、分岐点、端点、三角州の4種類があります。

この4種類の特徴点を読み取ってデータ化します。そして、登録情報の特徴点のデータとくらべることで、本人かどうかの確認がおこなわれるのです。

ただし、本人のものかを特定するのに、指紋が100%有効かといえば、厳密にはそうではありません。なぜなら、指紋は、でこぼこがすりへったり、ケガをしたりすると、確認できないことがあるからです。これをうけて、より多くの人が利用できるように開発された方式が静脈認証です。

静脈の特徴を利用した静脈認証

血管には「静脈」と「動脈」があります。静脈は、二酸化炭素や老廃物など、不要なものをふくんだ血液を心臓へもどすはたらきをする血管です。動脈は、酸素や栄養を心臓から全身へとはこびだすはたらきをする血管です。血管での生体認証では、動脈ではなく、静脈が使われています。たとえば、「手のひら静脈認証」は、手のひらの静脈によるもようのちがいを区別して本人かどうかを確認する方法です。

静脈が使われる理由は、静脈のほうが動脈にくらべて皮膚側に近く、読み取りやすいからです。また、静脈のなかの赤血球に、特定の近赤外線を吸収する特性があることも、静脈が使われる理由のひとつです。静脈認証の読み取りには、近赤外線の技術が使われています。静脈はだれにでもある血管なので、静脈認証はきわめて有効な認証方法といえます。

静脈認証をおこなう部位として、体のほか

センサーに手をふれずに利用できる、非接触式の手のひら静脈認証を使ったセンサーは、ドアのカギのかわりにも使われる。
提供：富士通株式会社

手のひら静脈の読み取りのしくみ

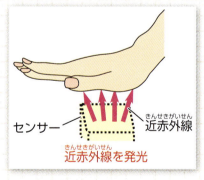

近赤外線を発光させ、手のひらにあてる。

引用元：
株式会社富士通研究所
「やさしい技術講座」

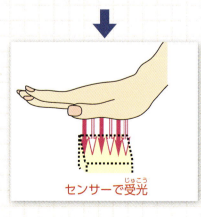

手のひらから反射した近赤外線をセンサーが読み取る。

引用元：
株式会社富士通研究所
「やさしい技術講座」

の部位ではなく、手のひらが使われているのにも理由があります。手のひらは、静脈の本数が多く、血管によるもようが複雑であるため、個人を特定する情報が多いからです。また、手のひらの静脈には、分岐点やカーブがあるなど、個人差がでやすいということも、認証に適しているといえます。

さらに、手のひらをセンサーにかざすほうが、手の甲でおこなうよりも自然であり、静脈を読み取る際に障害となる体毛がないという利点もあります。

生体認証をおこなうのに適した手のひらの静脈ですが、その認証方法は、どのようになっているのでしょう。

静脈認証には、先ほどもふれましたが、近赤外線の技術が使われています。近赤外線とは、人の目から見えない光のひとつで、テレビのリモコンなどにも使われています。

近赤外線を手のひらにあてると、静脈のある部分と、ない部分とで、反射する光の量がちがいます。静脈があると、近赤外線は赤血球に吸収されるので、反射する光が弱くなります。この情報をセンサーが読み取ってデータ化します。そして、登録されているデータと一致しているかを自動で判断して、本人かどうかを見きわめているのです。

このように生体認証としてすぐれた静脈認証の技術は、現在、銀行や病院、学校などで使われています。セキュリティの重要性がさけばれる今日、みなさんの大切な情報を守る手段としても、生体認証がますます広く使われるようになっていくことでしょう。

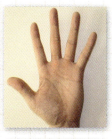

ふつうのカメラで手のひらを撮影した写真。手のひらの表面のしわが見える。

引用元：株式会社富士通研究所「やさしい技術講座」

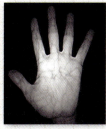

手のひらを近赤外線で撮影した画像。静脈の血管が薄く見える。

引用元：株式会社富士通研究所「やさしい技術講座」

手のひらの静脈は、黒い線でえがいた網目状のもようとして抽出され、照合に利用される。

引用元：株式会社富士通研究所「やさしい技術講座」

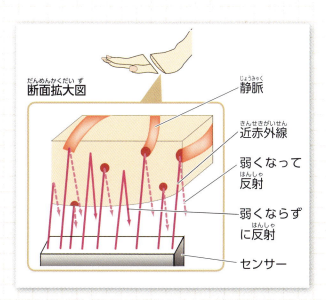

静脈があると、赤血球が近赤外線を吸収するので、近赤外線の反射が弱くなる。

引用元：株式会社富士通研究所「やさしい技術講座」

傘をさしこむだけで袋につつまれる
傘袋自動装着器

新倉計量器株式会社

きっかけは病院でのできごと

　雨がふった日に、スーパーやデパートへいくと、出入り口のドア付近に、ある機器がおかれているのを目にすることがあります。

　その機器こそ、傘をさしこむだけでポリエチレンの袋をかぶせてくれる傘袋自動装着器「傘ぽん」です。いまではすっかりおなじみのこの機器は、板金工場ではたらいていた職人、村上稔幸によって生みだされました。

　1991（平成3）年のある雨の日、村上は、病院で、傘袋にうまく傘をいれることができずに、こまっている老婦人を見かけました。そこで、村上は老婦人のところへいって、傘袋に傘をいれてあげたのですが、そのとき、「意外といれにくい。荷物をもっていたら、もっとたいへんだろう」と思いました。

　このできごとをきっかけに、村上は、傘を手軽に袋につつんでくれる機器の開発に乗りだします。その結果、1994年、ペダルをふむ方法で、傘袋の口をひらくことができる機器が生まれました。

　しかし、ここで大きな問題が発生します。機器が完成しても、それを販売してくれる会社が見つからなかったのです。それでも村上はあきらめず、さまざまな会社をまわりつづけました。その訪問先のひとつに新倉計量器がありました。

傘ぽん
1994年発売

すばやくかんたんに、傘を傘袋につつむことができるため、多くの人にうけいれられ、ヒット商品となった。写真は1996年発売のもの。

靴べらをヒントに機器を改良

　新倉計量器は、はかりを販売する会社として、1945（昭和20）年に創業されました。村上が機器をもちこんだ当時の社長、新倉基成は、すぐに興味をしめしました。新倉は直感で「これはいける」と判断し、販売をひき

傘ぽんのしくみ

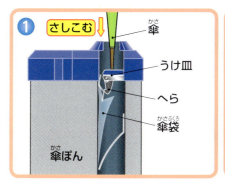

傘ぽんの真上から、傘をさしこむ。

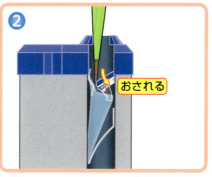

傘によって、うけ皿の装置が下へおされ、うけ皿の先についた「へら」がポリエチレンの傘袋の口を広げる。

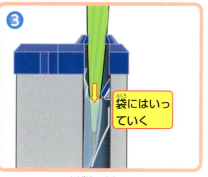

広げられた傘袋に傘がはいる。

うけることにします。そこで、機器の知名度をあげるため、デパートや飲食店に機器を無料で配布するという大胆な手段に打ってでました。

一方、開発者の村上も、みずからがもちこんだ機器の改良に乗りだしました。その改良とは、ペダルをふむことによって傘袋で傘をつつむのではなく、さしこむだけで傘袋につつまれるようなしくみに変更したことです。村上は、靴をはくときに使う靴べらをヒントに、この改良を実現させました。

こうして、現在、わたしたちにとってもなじみのある傘袋自動装着器「傘ぽん」ができあがったのです。「傘ぽん」というユニークな名前は、「語呂がよく、耳にのこって、子どもでもおぼえられるものを」という考えから、新倉がつけました。海外でも「KASAPON」のネーミングで販売されています。

さらに傘を深くさしこむと、傘袋につつまれる。

傘袋につつまれた傘をかたむけてひきだす。

現在の傘ぽんの傘袋には、水滴の重さで袋がずり落ちないように、ひも状の加工（特許取得）がほどこされている。

食材のうま味と鮮度をたもったまま凍らせる
冷凍技術

株式会社アビー

細胞をこわさず冷凍保存するCAS技術

現在、食べ物を長期間保存する方法として、冷凍技術は欠かせないものとなっています。この冷凍技術は、いまから約100年前からありました。とれすぎたためにすてられていた魚を保存する手段として、マイナス20℃以下の環境で、食べ物をすばやく凍らせる急速凍結の理論がアメリカで登場したのがはじまりとされています。

しかし、この方法を使って食べ物を保存すると、食べ物の細胞壁や細胞膜がこわれてしまうので、解凍したときに、食感がそこなわれたり、おいしさが外へ流れだしたりするなどの欠点がありました。

CAS技術を使った凍結装置

凍結装置の内部

この欠点を解消するため、アビーによって1998（平成10）年に開発されたのが、CAS技術を使って食べ物を冷凍保存する方法です。「CAS」とは、「セル・アライブ・システム」の略で、日本語にすると「細胞をいかす機能」という意味になります。

つまり、CAS技術を使って食べ物を冷凍保存すると、細胞壁や細胞膜をこわすことが少ないので、解凍したときに、新鮮な食べ物をおいしく味わうことができるのです。

新鮮な食べ物を新鮮なままとどける

たとえば、水揚げされたばかりの魚介類をCAS技術で、すぐさま凍らせると、ほとんど劣化のない状態で保存されます。漁獲された魚介類がそのままの状態で保存できるのです。CAS技術により、わたしたちは、解凍

左のエビは、CAS技術で凍らせてから解凍したもの。背わたまわりの筋肉がしっかりとたもたれ、食感やうま味がそこなわれていない。右のエビは、従来の急速冷凍で凍らせてから解凍したもの。解凍時に背わたまわりの筋肉がくずれている。食感やうま味もそこなわれている。

するだけで、かぎりなく生に近い状態の食材を口にすることができ、特定の産地でしか食べることのできなかった旬の食材をいつでも味わうことができるようになりました。

　CAS技術は、安心で安全な肉を消費者にとどけたり、新鮮な農作物を新鮮なまま、消費者や飲食店にとどけたりするために使われています。

CAS技術の導入でよみがえった町

　日本海の隠岐諸島にある島根県海士町は、財政難に苦しんでいましたが、CAS技術を導入したことでよみがえりました。

　海士町は、白イカや岩ガキなどの新鮮な魚介類が豊富にとれる町として知られていました。しかし、離島にあるこの町は、とれた魚介類を消費地にとどけるために多くの時間と費用をかけなければならず、その結果、商品の価値を落としてしまうという問題をかかえていました。

　そこで、町に導入されたのがCAS技術を使った凍結装置でした。これにより、町でとれた魚介類は、鮮度と味をたもったまま、東京や大阪などの大消費地へ出荷することができるようになり、全国で人気となりました。

　現在、CAS技術を使った凍結装置がおかれた施設は、「CAS凍結センター」と命名され、多くの雇用を生みだして町の経済をささえています。

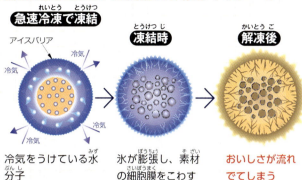

急速冷凍で食材を凍結した場合のイメージ

冷気をうけている水分子　氷が膨張し、素材の細胞膜をこわす　おいしさが流れでてしまう

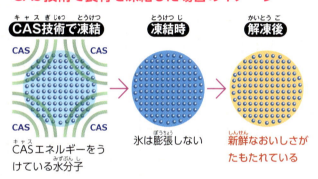

CAS技術で食材を凍結した場合のイメージ

CASエネルギーをうけている水分子　氷は膨張しない　新鮮なおいしさがたもたれている

従来の急速冷凍装置で凍らせると、食物内の水分子が集まって大きく成長し、細胞膜をこわしてしまう。CAS技術を使うと、水分子に作用して、氷の膨張がおさえられるので、細胞にダメージをあたえることがない。

CAS技術を使った凍結装置に魚介類を搬入する。

CAS技術の導入で、全国的な人気をえた海士町の白イカ。

ガーデニングで大活躍のお手軽機械
耕うん機

本田技研工業株式会社（ホンダ）

主婦や定年退職した人たちが購入

「耕うん機」ということばを聞くと、どんなようすが頭にうかびますか？ おそらく、多くのみなさんは、農家の人が大きな機械に乗って、たんぼや畑をたがやしている作業風景をイメージしたのではないでしょうか。

2009（平成21）年に、そんなイメージをくつがえすような耕うん機がホンダから発売されました。「ピアンタFV200」と名づけられた耕うん機は、発売からわずか2か月で4500台の販売を記録します。しかも、その購入者の多くは、農家ではなく、一般の主婦や定年退職で時間のできた人たちだというのです。このような人たちをひきつけたピアンタFV200とは、どのような特徴をもつ耕うん機なのか、かんたんに説明しましょう。

手軽に安心して使えるくふう

ピアンタFV200の外観を見て、まず気づくのは、耕うん機らしからぬ色と形です。また、一般的な耕うん機とくらべて、本体はとても小さく、使うときは、手押し車のように両手でおしてすすみます。

じつは、この耕うん機は、主婦や定年退職

ピアンタFV200
2009年発売

力のない人でも手軽に使えるようになっている。組み立てや部品の取りはずしがかんたんにできる。

土をたがやすときは、耕うん爪を使って作業をおこなう。

◀ピアンタFV200の特徴▶

燃料交換がかんたん

カセットボンベを使用するので、手や場所をよごすことなく、かんたんに燃料の交換ができる。

移動・収納がらく

移動用の車輪を取りつけることで、らくらくと移動させることができる。

収納時には、コンパクトなボディをさらにコンパクトにすることで、せまい場所にもおくことができる。

操作がシンプル

複雑な手順をふまずに動かすことができるので、機械が苦手という人でも操作が可能。

者のあいだで、家庭菜園やガーデニングが流行したことをうけて開発された機械なのです。

そのため、このような人たちが手軽に安心して使えるように、さまざまなくふうがほどこされています。

たとえば燃料です。ピアンタは、燃料にカセットボンベを使っています。カセットボンベにしたのは、灯油やガソリンをあつかいなれていないような人でも、かんたんに交換できるようにするためです。

また、移動するときには、付属の移動用車輪を取りつければ、らくらくと動かすことができ、収納するときには、小さく折りたためるようにもなっています。

さらに、始動から耕うんまで、かんたんな操作でおこなえるようになっているのも、ピアンタの特徴のひとつです。

以上にあげたようなくふうは、家庭菜園やガーデニングを手軽に安全におこないたいという人たちの心をがっちりとつかみました。そのため、ピアンタFV200は、発売直後から注目され、ヒット商品となったのです。

肉眼では見えない世界トップクラスの細さ
医療用手術針

株式会社河野製作所

未知の細さに挑戦

河野製作所は、1949（昭和24）年に、計測器の針などの部品を製造する会社として創業しました。1969年なかばからは、医療用具の分野へ進出します。それ以来、糸つき手術針の開発と製造を手がけています。国内や海外の医療現場では、「クラウンジュン」という製品ブランドのさまざまな種類の手術針が使われています。

顕微鏡を使っておこなう外科手術のことを「マイクロサージャリー（微小外科）」といいます。2000（平成12）年当時、マイクロサージャリーで使われる手術の針の太さは0.1mmが標準でした。その0.1mmの針は、0.5mmより大きい組織を縫いあわせる手術に使えるものでした。しかし、医師たちは、さらに小さい0.5mm未満の組織を縫いあわせられる手術針をもとめていました。その開発をもちかけられたのが、河野製作所の社長、河野淳一だったのです。

顕微鏡で拡大しておこなうとはいえ、当時はまだ、0.5mm未満の手術は不可能だとされていました。ですから、これに対応できる手術針の開発は未知の分野でした。

困難をきわめた開発

河野は、医師たちの要望にこたえようとして、直径0.03mmという極細の手術針の開発をスタートさせます。しかし、その開発は困

河野製作所つくば工場

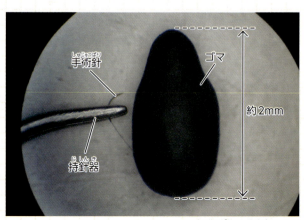
ゴマとマイクロサージャリーで使う手術針の比較。

手術針を製作するようす。

難をきわめました。素材は特殊なステンレスです。それをのばして切り、先をとがらせてまげ、先をするどくみがきあげるという工程で製造します。しかし、ここまで細いステンレス素材だと、金属でありながらも綿の繊維のようにフワフワしています。そのような状態の素材を装置に固定して、のばしたり、まげたり、みがきあげたりするのは、非常にむずかしいことでした。神経を使うこまかい作業のため、機械化ができず、手作業で１本ずつつくる必要があります。

また、細い針にどうやって糸をつけるかという問題もありました。手術に使うものですから、じょうぶで使いやすく、安全でなくてはいけません。糸が針からはずれないようにするくふうが必要でした。それまでは、針にドリルやレーザーで穴をあけて、糸をさしこんでおさえるという方法で糸をつけていました。しかし、0.03mmの針に穴をあけられるドリルの刃はありませんでした。また、レーザーであけようとすれば金属がとけてしまい、穴があけられませんでした。そこで、0.03mmの針の根もとを２つにわり、そこに糸をはさみこむという方法をためしてみました。これは、針に穴をあける方法より前に使われていた接合法なのですが、あえて昔の方法を採用することで、0.03mmの針に糸をつけることに成功したのです。

世界でもっとも細い手術針が誕生

そして、３年の開発期間をへて、2004年に世界でもっとも細い手術針が完成しました。

針は、直径0.03mm、長さ0.8mm、ついている糸の直径にいたっては0.012mmという、肉眼では見えないサイズです。この針が実用化されたことで、0.5mm未満の血管やリンパ管、神経などを縫いあわせる手術が可能になりました。高い技能をもつ医師ならば、0.1mmの血管でさえ縫うことができます。

0.1mmの非常に細い血管や神経をつなぐ手術のことを、「スーパーマイクロサージャリー（超微細外科）」といいます。極細の手術針を使うことで、それまで不可能とされていた手術ができるようになりました。

2009年にはその功績が評価され、河野をはじめとする河野製作所の開発者は、経済産業省などが主催する「第３回ものづくり日本大賞」の内閣総理大臣賞を受賞しました。

町工場の技術を結集した日本からの挑戦！
下町ボブスレー

「氷上のF1」とよばれるボブスレー

　ボブスレーは冬季オリンピックの種目で、1924（大正13）年に開催された第1回シャモニー・モンブラン大会から採用されている歴史ある競技です。競技の名前だけでなく、競技で使用されるそりもボブスレーとよばれます。

　競技では、2人または4人の選手がそり（ボブスレー）に乗り、山の中腹からふもとにかけてもうけられた約1300mのまがりくねった氷のコースをすべりおりて、タイム（時間）を競います。

　ボブスレーの最高時速は140kmにもたっするので、自動車サーキットレースの最高峰、F1（フォーミュラ1）と比較され、「氷上のF1」ともよばれています。ヨーロッパでは人気のスポーツで、イタリア代表はフェラーリ、ドイツ代表はBMWといった世界的に有名な自動車メーカーが最新技術を駆使して、ボブスレーの開発を競っています。

　しかし、ボブスレーは、日本ではそれほど知られている競技ではありません。日本代表チームでさえも予算が少ないため、外国製の中古のボブスレーを改良して競技に参加しているような状態でした。海外へ遠征するときは、輸送費が100万円以上もかかってしまうので、現地でボブスレーを借りて練習したり、実際にそれで試合にのぞんだりすることもあります。

下町ボブスレー4号機
2014年
長さ：300cm
幅　：85cm
高さ：70.6cm
重さ：160kg

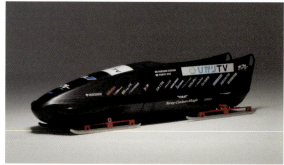

下町ボブスレー2号機　2013年

下町ボブスレーは、大田区産業振興協会のスタッフや、大田区の町工場の職人たちが立ちあげた「下町ボブスレーネットワークプロジェクト」と、それをサポートする企業や団体、個人の力が結集してつくられた。

「ものづくりの町」をもりあげたい

　東京の大田区は金属の加工を中心に、約4000軒の町工場があり「設計図を紙飛行機にして投げこめば、製品になってもどってくる」といわれるほど、技術力のすぐれた町工場が多く存在する地域です。町工場同士で作業を分担して製品をつくりあげる「仲間まわし」がおこなわれることがあり、むずかしい加工や納期の短い仕事を協力しあってこなす方法も、大田区の特徴です。

　技術力の高い大田区の町工場ですが、いくつか問題をかかえていました。仕事の大半は大手メーカーの部品をつくることなので、大手メーカーの工場の海外移転などによって、仕事が激減していたのです。また、職人のなり手が少なく、後継者の不足も大きな問題になっていました。技術力をアピールしたくても、部品の精度を一般の人に理解させることがむずかしいといった事情もありました。

　そんな状況のなか、大田区の産業を活性化させるためにつくられた団体「大田区産業振興協会」では、町工場の技術をアピールして、新たな仕事につながるアイデアがないか、さがしていました。

大田区の職員と町工場の職人の思い

　そこで目をつけたのが国産ボブスレーの開発でした。基本的には大田区の町工場が得意

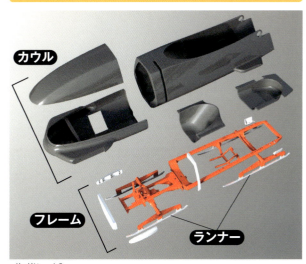

ボブスレーの部品

【設計】東レ・カーボンマジック、マテリアル
【カウル（ボディ）】東レ・カーボンマジック
【フレーム（骨組み・ハンドルなど）】30社以上の町工場
【ランナー（刃の部分）】1号機では、外国製のものを大田区の町工場が研磨。2号機以降は、東京大学工学系研究科・加藤孝久教授の協力で国産品を開発。

とする金属加工で製造ができ、さらにうまくいけば、オリンピックという世界が注目する舞台で自分たちの技術を堂どうとアピールできるのです。

　また、2011（平成23）年におきた東日本大震災の被災地支援の意味もありました。ボブスレーの選手には被災地である東北地方の出身者が多く、国産ボブスレーで少しでも支援に貢献できればと考えたのです。

　そこで、国産ボブスレープロジェクトの発案者・大田区産業振興協会の小杉聡史は、大田区の町工場でアルミの加工を得意とする会社「マテリアル」の細貝淳一に話をもちかけ

ます。ボブスレー競技にくわしいというわけではなく、資金もない状態で、小杉はプロジェクトがすぐに動きだすとは考えていませんでした。しかし、その話を聞いた細貝のこたえは、意外にも「やれるかもしれない」というものでした。

細貝は、かつて、オリンピックに使われるアーチェリーの道具の製造を計画していた時期がありました。いくつかの事情があって、この計画は断念しましたが、大田区の町工場の技術をアピールする方法がないかと考えていたのです。

綱渡りの納期で自分自身を追いこむ

国産ボブスレープロジェクトは、「下町ボブスレーネットワークプロジェクト」として具体的に動きだします。ボブスレーの競技のことは知っていても、何をどうつくればいいか見当もつかない状況のなか、細貝は「大田区のために、日本の技術のために」と、町工場のなかまに意図を説明し、ときふせていきました。細貝のほか、プロジェクトの中心メンバーのほとんどは町工場の2代めの経営者で、年齢30～40代の若手です。細貝とおなじように、将来に危機感をいだいていた経営者たちは、しだいにプロジェクトへの協力を約束してくれるようになります。

細貝は、何か目標をかかげたほうがいいと考え、まったく実物がない段階の2012年5月に、下町ボブスレー開発の記者会見をおこなってしまいます。世間に発表することによって、何が何でもつくりあげなければいけない状況に自分自身を追いこんだのです。そこへまいこんだのが、日本国際工作機械見本市にボブスレーを展示してほしいというさそいでした。見本市の開催は11月なので、わずか5か月でゼロからボブスレーを製造しなければいけません。

ボブスレーを解体し、徹底的に調べる

大田区の町工場や産業振興協会の熱意に共感して、心強いパートナーがあらわれます。

ボブスレーのカウル（ボディ）の部分には、軽くて強度が高く、航空機などの部品にも使用されている「炭素繊維強化樹脂（CFRP）」が使われています。しかし、大田区の町工場には、これを取りあつかうところがありません。

そこに手をさしのべてくれたのが、滋賀県米原市にあるレース用自動車のパーツをあつかう「童夢カーボンマジック（いまの東レ・カーボンマジック）」でした。じつは、童夢

下町ボブスレープロジェクトの記者会見のようす。くばられた冊子には「日本からの挑戦状」のことばがしるされていた。

工場からとどけられたフレーム(骨組み)部分のパーツ。町工場同士が相談しあって作業をすすめたので、ぶじに組み立てることができた。

日本で唯一のボブスレーコース「長野市ボブスレー・リュージュパーク」でおこなわれたテスト走行のようす。

　カーボンマジックでは、過去にボブスレーの製造依頼をうけたことがありました。結果的には中止になってしまいましたが、日本で唯一、カウルのことを知る企業だったのです。

　カウルの手配はできましたが、ボブスレー全体の構造を知る人は、プロジェクト内にはいませんでした。そこで、仙台大学から実物のボブスレーを借りて、部品を徹底的に調べあげることからはじめました。また、童夢カーボンマジックの施設を借りてボブスレーにあたる風の流れを計測し、協力してくれたコンピュータソフトウェア会社「ソフトウェアクレイドル」の計算ソフトで、もっとも適した車体の形をもとめていきました。

プロジェクトをささえる職人の心意気

　苦労して集めたデータをもとに細貝が設計図に落としこみ、町工場に部品製作を依頼する説明会がおこなわれたのは、見本市の開催までに2か月を切った時期でした。30社の町工場が集まりましたが、プロジェクト側の条件が「工費は無償、納期は12日後」と発表されると、会場にどよめきがおきます。町工場からしてみれば、本業の時間をさいて、さらに報酬なしで仕事をしてほしいという依頼だったからです。それでも、町工場の職人たちは設計図を見て、自分の得意な分野の仕事を選んでいきました。作業を分担しあう「仲間まわし」が会議室に生まれていたのです。

　むずかしい加工でつくり手が見つからない部品については、みずから手をあげる職人もあらわれました。また、説明会のあと、すぐに部品を仕上げて納品する職人や、町工場同士で話しあい、設計図よりもよい部品を仕上げる職人もあらわれました。

　大田区のものづくりの技術が結集したボブスレーは、少しのくるいもゆるされない精密な設計にもかかわらず、しだいに組みあげられていきました。完成は、見本市開催の前日のことでした。

下町ボブスレーの性能がみとめられる

　こうしてできあがった下町ボブスレーは、元ボブスレー日本代表の脇田寿雄や、うわさを聞きつけて見本市にやってきた現役女子選手の川崎奈都美の要望を取りいれることで、

性能が高められていきました。

2012年12月におこなわれたテスト走行では、前年の日本選手権優勝者を上まわるタイムをたたきだします。テスト走行に協力した女子選手の吉村美鈴と浅津このみは、下町ボブスレーの性能をみとめると、ボブスレー全日本選手権で使用して、女子2人乗りの部でみごと優勝をはたします。

この成果から、下町ボブスレーネットワークプロジェクトは、日本ボブスレー連盟と協力協定を結ぶことになり、2013年3月、国産ボブスレーで初の国際大会に出場することになりました。その大会では、下町ボブスレーの完成度の高さに関心が集まりました。

多くのささえで広がるプロジェクト

下町ボブスレーネットワークプロジェクトは、多くの人たちによってささえられています。ボブスレーの元選手や日本代表選手、自治体や素材卸会社、地元の高校やフラワーアーティストなど、さまざまです。その輪は大きく広がり、活動資金を提供して遠征をささえる運送会社や航空会社などといったスポンサーがあらわれるまでになっています。

こうした応援を力にして、プロジェクトはすすんでいきます。1号機の反省点をもとに小型化・軽量化し、使い勝手をさらに高めた2号機・3号機を製作しました。1台を試合用に使ってデータを収集し、手もとにあるもう

2014年にオーストリアへ遠征し、「第34回シニアヨーロッパカップ」へ出場したときのようす。

1台に反映させようという作戦です。このプロジェクトの説明会には、前回の2倍以上の町工場が集まり、全国で話題を集める大プロジェクトに発展しました。

ところが、当面の目標であったソチオリンピック（ロシア）には、テスト時間の不足により出場できませんでした。ボブスレーの構造は競技団体が規定をさだめています。下町ボブスレーは、オリンピックの審査委員から修正点を指摘されました。また、テストした日本代表選手からも改修の要望がよせられました。プロジェクトチームはすべての改修点に対応しましたが、検証する時間によゆうがないとして、ソチオリンピックでの採用は見送られてしまいました。

しかし、下町ボブスレーの挑戦がおわったわけではありません。2018年に開催される平昌オリンピック（韓国）をめざして、ボブスレーの改良がかさねられています。さまざまな人びとの夢を乗せて、下町ボブスレーの挑戦はつづきます。

参考：『下町ボブスレー　東京・大田区、町工場の挑戦』（朝日新聞出版）
下町ボブスレーネットワークプロジェクト公式サイト
http://bobsleigh.jp/

うかびながらすすむ夢の乗り物！
超電導リニア

リニアモーターって、なに？

現在、開発がすすめられている乗り物として「リニア中央新幹線」という鉄道があります。2027年の開業をめざして準備がすすめられているこの鉄道は、「夢の乗り物」ともいわれています。いったい、どのような特徴があるのでしょうか？

リニア中央新幹線の「リニア」とは「リニアモーター」を省略したことばです。つまり、リニア中央新幹線は、動力にリニアモーターを使った新幹線ということになります。

ふつうの鉄道は、回転式のモーターを動力にしています。回転式のモーターは軸を中心にして回転しますが、リニアモーターは回転せず、直線的に動きます。リニアモーターを使った鉄道のしくみは、すでに東京の地下を走る都営大江戸線などに採用されています。

リニアモーターには、スピードの加速や減速において、回転式のモーターよりもスムーズにおこなえるという利点があります。これにくわえ、リニア中央新幹線で取りいれられているのが、超電導を利用した日本独自の先端技術です。そのため、リニア中央新幹線は、「超電導リニア」ともいわれます。

リニア中央新幹線
2027年開業予定

車両に搭載した超電導磁石と、地上にあるコイルの磁力によって、車両を地上から10cmほど浮上させて超高速で走行する。写真はL0系。

超電導磁石

車体に取りつけられた強力な電磁石

「超電導」とは、ある金属を一定の温度までひやすと、電気抵抗（電気の流れをさまたげようとする度合い）がゼロになる状態をさすことばです。このような状態になったコイル（超電導コイル）に電流を流すと、コイルは超電導磁石となって、たいへん強い磁力を発生させます。

リニア中央新幹線の車両には、この超電導磁石が搭載されています。磁石にはN極とS極があり、おなじ極同士は反発し、ちがう極同士はひきつけあいます。この性質を応用し、強力な力を生みだすことによって、うきあがりながら前やうしろにすすむことができるのです。そのために、この鉄道は「夢の乗り物」といわれます。

ただし、ここで注意しなければいけないのは、車両に取りつけられた超電導磁石だけでリニア中央新幹線がうきあがってすすめるわけではないという点です。

リニア中央新幹線は、レールではなく、断面がU字型をした「ガイドウェイ」を走ります。ガイドウェイの側壁には、「浮上・案内コイル」と「推進コイル」という2種類のコイルが組みこまれています。推進コイルに電流が流れて電磁石になると、推進力が生まれて、車両は前後にすすむことができます。

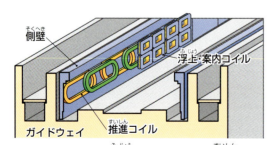

リニアモーターは、回転式のモーターをそのまま広げたような形をしている。回転式のモーターの内側は、車両に取りつけられた超電導磁石にあたり、外側は、ガイドウェイに設置されたコイルにあたる。

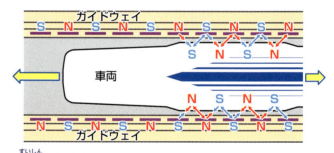

推進のしくみ
推進コイルの電磁石の交互にならんだN極とS極は、走ってくる車両の動きにあわせて瞬時に切りかわり、車両の超電導磁石とひきあったり、反発しあったりする。これによって、車両は前方や後方にすすむことができる。

ガイドウェイには、浮上・案内コイル、推進コイルの2種類が組みこまれている。コイルに電気を流すと電磁石になるので、車両の超電導磁石とひきあったり、反発しあったりして、推進する力と浮上する力が生まれる。

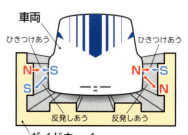

浮上のしくみ
浮上・案内コイルの電磁石と車両の超電導磁石が、上部ではひきつけあい、下部では反発しあうため、車両がうきあがる。

また、浮上・案内コイルに電流が流れて電磁石になると、車両の超電導磁石と反応して、車両はうきあがります。こうして、リニア中央新幹線はうきあがった状態で前後にすすむことができるのです。

超電導リニア開発の歴史

日本における超電導リニアの開発の歴史は古く、1962（昭和37）年に研究がはじめられています。その後、1977年に宮崎県に実験線が建設され、それをひきつぐかたちで1989（平成元）年に山梨リニア実験線が建設されます。そして、2003年には世界最高時速の581kmを記録し、そのスピードは世界に大きな衝撃をあたえました。

こうした超高速で走ることができるのも、じつは超電導リニアがうきあがりながらすすむ乗り物であることと関係しています。

新幹線をふくむ従来の乗り物は、車輪を使ってレールの上を走るために、その際におこる摩擦の影響で、だせる速度に限界がありました。しかし、超電導リニアは、車体をうかせているので、摩擦が発生せず、これまでの鉄道にない速度をだすことができます。現在、開発中のリニア中央新幹線は、東京と大阪のあいだを約1時間でむすぶことが可能とされています。

ML-100　提供：鉄道総合技術研究所
1972年に、はじめて浮上走行に成功した車両。

ML-500　提供：鉄道総合技術研究所
最初の実験車両。1979年に、無人走行で当時の鉄道の最高時速517kmを記録した。

MLU001　提供：鉄道総合技術研究所
1987年に、有人走行で時速400.8kmを記録した。

MLU002N　提供：鉄道総合技術研究所
1994年に、無人走行で時速431kmを記録した。

リニア中央新幹線のルート

◇は中間駅。三重県、奈良県は未定

2027年に東京と名古屋間を先行開業し、2045年に東京と大阪間をむすぶ予定。東京と名古屋にはターミナル駅がおかれ、神奈川県相模原市、山梨県甲府市、長野県飯田市、岐阜県中津川市には中間駅がおかれる予定になっている。

しんかい6500

深海のなぞにせまる有人潜水調査船

深海って、どんなところ？

地球の表面積のうち、約7割は海でしめられています。しかし、わたしたちが目にすることができる海は、海面だけとか数メートルの深さまでであって、その下には、わたしたちがふだんの生活では見ることのできない深い海が広がっています。

深海とは、一般的に深さ200mより深い海をさします。そこは、太陽の光がほとんどさしこまず、真っ暗で、想像を絶するほどの水圧がかかる世界です。

このような深海の世界をさぐるために開発されたのが「しんかい6500」です。

深海へともぐっていく「しんかい6500」
6500mの深さでは、1平方センチあたり約680kgという、きわめて高い水圧がかかってくる。

深海へもぐるためのくふう

「しんかい6500」は、6500mの深さまでもぐることのできる3人乗りの有人潜水調査船です。高い水圧のかかる深海でも調査活動ができるように、操縦室をがんじょうに、かつ均等に圧力のかかる球形にしたり、暗い海底をてらすための水中ライトを搭載したりといったくふうがほどこされています。大きさは、全長9.7m、高さ4.1m、重さ26.7トン（地上での重量）にもなります。

1989（平成元）年8月、完成した「しんかい6500」は、三陸海岸沖の日本海溝で最終潜航テストをおこない、6527mの深さまでもぐることに成功しました。その後、世界でも数少ない大深度潜航が可能な有人潜水調査船として、1400回以上、深い海の底へともぐって調査活動をおこなっています。

水面におろされた「しんかい6500」
「しんかい6500」の活動範囲は、日本近海だけでなく、太平洋やインド洋、大西洋にまでおよぶ。

操縦室 軽くて燃えにくい素材でつくられた潜航服を着用した研究者1人、パイロット2人が乗りこんで深海の調査をおこなう。

「しんかい6500」は、重しとなるウェイト（鉄鋼板）を乗せた状態で、バラストタンクに海水をいれながら海底へ下降する。浮上するときにはウェイトを切りはなす。

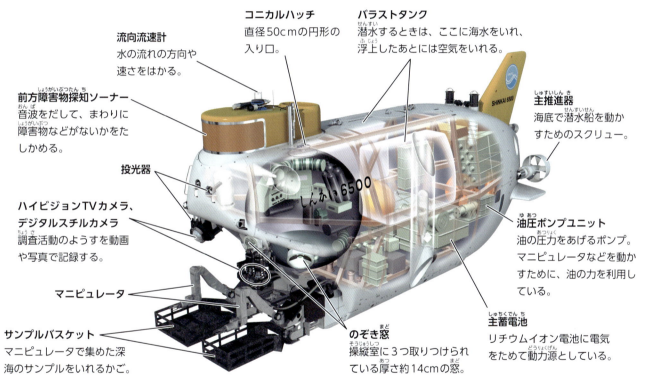

流向流速計 水の流れの方向や速さをはかる。

前方障害物探知ソーナー 音波をだして、まわりに障害物などがないかをたしかめる。

投光器

ハイビジョンTVカメラ、デジタルスチルカメラ 調査活動のようすを動画や写真で記録する。

マニピュレータ

サンプルバスケット マニピュレータで集めた深海のサンプルをいれるかご。

コニカルハッチ 直径50cmの円形の入り口。

バラストタンク 潜水するときは、ここに海水をいれ、浮上したあとには空気をいれる。

のぞき窓 操縦室に3つ取りつけられている厚さ約14cmの窓。

主推進器 海底で潜水船を動かすためのスクリュー。

油圧ポンプユニット 油の圧力をあげるポンプ。マニピュレータなどを動かすために、油の力を利用している。

主蓄電池 リチウムイオン電池に電気をためて動力源としている。

マニピュレータ パイロットが操縦室から遠隔操作するロボットハンド。

投光器 真っ暗やみの深海に光をあてて、まわりを明るくてらすライト。

耐圧殻 操縦室を守る球体。乗船者の安全を確保する。

提供：海洋研究開発機構

「しんかい6500」は、支援母船「よこすか」につみこまれて調査海域までむかい、深海で調査活動をおこないます。具体的な調査内容を紹介しましょう。

地球内部の動きをとらえる

「しんかい6500」は、巨大地震の発生場所であるプレートのしずみこみ域や、新しくプレートが生まれる中央海嶺など、地球内部の動きに大きくかかわる現象を調べています。2011年8月には、東北地方太平洋沖地震の震源海域を調査し、地震の影響と思われる亀裂を確認しました。

「しんかい6500」は、東北地方太平洋沖地震が発生した5か月後に震源海域の海底を調査。亀裂のほかにも、段差や生物群集を発見した。

熱や物質の循環を解明する

海底に堆積した物質のなかには、気候変動の歴史がのこされています。「しんかい6500」で採取した海底の物質は、研究者によって分析されています。また、地球環境に少なからず影響をあたえてきた海底の熱水活動で放出される熱や物質を解明しようという調査もおこなわれています。

支援母船「よこすか」 「しんかい6500」がもぐる場所を前もって調査したり、「しんかい6500」を調査する海域まではこぶ船。また、潜航中の「しんかい6500」を追尾したり、音波で連絡を取りあったりする。

東北地方太平洋沖地震の影響でできた亀裂 「しんかい6500」が発見した亀裂は、広い範囲にわたって何本か見られ、潜航中にすべてのすがたを確認することができないほどだった。

チムニー 海底において、高温の熱水がふきだす煙突状の噴出孔。地球が誕生してまもないころの環境とよく似ていると考えられ、大昔の地球を知るうえでの手がかりとなる。

さまざまな発見をしてきた「しんかい6500」

「しんかい6500」は、2014年で建造から25周年をむかえました。現在まで1400回以上の潜航をおこなってきましたが、事故は一度もおきていません。これは、技術者たちが安全運航のための努力をつねにおこなっているからです。

2013年、「しんかい6500」は、深海に生きる生物の生態系などの調査のため、約1年の期間をかけ、母船「よこすか」とともに地球的規模で研究航海をおこないました。

現在も、数多くの調査活動をおこない、世界の深海探査において、重要な役割をになっています。

1989年1月	着水式で「しんかい6500」と命名される。
8月	三陸海岸沖の日本海溝において、潜航深度6527mを記録する。
1991年5月	初の調査潜航を開始する。
7月	三陸海岸沖の日本海溝海側斜面で海底のさけ目を発見する。三陸海岸沖の日本海溝でナギナタシロウリガイを発見。
1992年10月	伊豆・小笠原の鳥島沖で鯨骨生物群集を発見する。
1997年6月	三陸海岸沖の日本海溝で多毛類生物を発見する。
1998年11月	南西インド洋海嶺で新種の巨大イカを発見する。
2006年8月	沖縄トラフ深海底下で液体二酸化炭素プールを発見する。
2007年1月	沖縄トラフ深海底で新たな熱水噴出現象、ブルースモーカーを発見する。
2009年11月	インド洋海嶺で深海の奇妙な巻貝、スケーリーフットの大群集を発見する。
2011年8月	東北地方太平洋沖地震震源海域で大きな亀裂を確認する。
2013年1月	約1年の期間をかけた研究航海にでかける。

スケーリーフット
2009年の調査で大群集が発見された巻貝。それまで予想されていた生息域よりも過酷な環境下で生息できることがわかった。

独立行政法人 海洋研究開発機構

海洋研究開発機構（JAMSTEC）は、1971（昭和46）年に設立された「海洋科学技術センター」を前身とする文部科学省所管の独立行政法人です。調査船などを使って、深海、海洋、大陸棚などの観測研究をおこなったり、地球シミュレータなどの大型コンピュータを使って、地震や気候変動などに関するシミュレーション研究をおこなったりしています。

地球深部探査船「ちきゅう」 地球のなりたちや巨大地震発生のなぞをさぐるため、2005年につくられた探査船。海洋研究開発機構の一部門である地球深部探査センターが運航している。

提供：海洋研究開発機構

世界の技術力と肩をならべた高性能ロケット
H-IIAロケット

海外の技術にたよっていた日本のロケット

H-IIロケットは、液体燃料エンジンを搭載した人工衛星打ちあげ用ロケットです。エンジンなどのロケットの重要な部品は国内で開発されています。

ロケットの推進力を生みだすエンジンは、液体合成ゴムなどを固体化して使用した固体燃料エンジンと、水素などを液体化して使用した液体燃料エンジンの2種類に大きくわけられます。日本において、固体燃料エンジンを推進力とするロケット（固体ロケット）の開発は、1955（昭和30）年に東京大学の糸川英夫教授が小型のロケット（ペンシルロケット）の水平発射実験をおこなうなど、古くからすすめられています。1970年には、固体ロケットで人工衛星「おおすみ」の打ちあげに成功し、日本は、世界で4番めに自力で人工衛星を打ちあげた国になりました。

しかし、固体燃料エンジンでは推進力が弱いため、大型の通信衛星や放送衛星、気象衛星などは打ちあげることができませんでした。そこで、アメリカが開発した液体燃料エンジンの技術を導入することになります。その後、日本のロケット開発は、一部でアメリカの技術にたよるかたちですすめられていきました。

H-IIAロケット 24号機打ちあげ
2014年
ロケットの大きさは、直径4m、全高53m。17階ビルとおなじくらいの高さ。

H-IIAロケット 25号機打ちあげ
2014年
気象観測センサーを搭載した気象衛星「ひまわり」8号の打ちあげを成功にみちびいた。

ロケットから切りはなされた「ひまわり」8号。
MHI/JAXA

国産の液体燃料エンジンの開発に成功

　純国産技術によるロケット開発をもとめる声が高まるなか、日本の宇宙開発事業団※は、1970年、国産技術による液体燃料エンジンで打ちあげられるロケットの開発に着手します。

　1986年には、ほぼ国産といえる「H-Iロケット」の打ちあげに成功し、通信衛星「さくら」3号や気象衛星「ひまわり」4号などの打ちあげで活躍しました。

　そして、1994（平成6）年2月には、悲願であった純国産の「H-IIロケット」1号機が鹿児島県の種子島宇宙センターから打ちあげられます。この打ちあげ成功によって、日本のロケット技術はアメリカ、ロシアと肩をならべることになり、大型の人工衛星であっても、国産ロケットで宇宙空間に送りだすことができるようになりました。

H-IIロケットの技術をさらに発展

　しかし、H-IIロケットの打ちあげ費用は1機あたり約190億円で、アメリカなどの海外で開発されたロケットの2倍以上かかるという問題がありました。そこで、打ちあげ費用を半減するために、H-IIロケットの技術を応用した「H-IIAロケット」の開発がすすめられます。まず、ロケット全体を再設計して、構造を大幅に簡略化させました。また、部品の一部に海外の安価なものを利用し、打ちあ

H-IIAロケットのしくみ

衛星フェアリング
空気とぶつかることによっておこる振動や熱からロケットを守るために、先端をおおっている。空気のない空間に到達すると、切りはなされる。

第2段機体
地上から宇宙空間までは第1段エンジンで飛行。第1段機体を切りはなし、第2段エンジンで地球をまわる軌道に衛星を乗せる。

燃料タンク
各段に燃料の液体水素と、それを燃やす液体酸素のタンクが搭載されている。ロケットの重さの約8割が燃料になる。

ボディ
金属より軽く、熱に強い炭素繊維を使用。

固体ロケットブースター
第1段エンジンをおぎなう。H-IIAロケットでは2基、H-IIBロケットでは4基を使用。

第1段エンジン
熱に強い特殊合金製。液体燃料エンジンの発する高温にもたえられるように、職人の手作業で部品の内部まで徹底的に研磨されている。

第1段機体

※宇宙開発事業団（NASDA）……宇宙航空研究開発機構（JAXA）の前身。日本の宇宙開発をになっていた特殊法人。

げ作業を効率化するなどして、費用の削減をめざしました。開発中の失敗などもあり、H-IIAロケットの開発は難航しましたが、2001年夏に試験機1号機の打ちあげに成功します。その後、ほとんどの打ちあげにも成功し、人工衛星の打ちあげなど、宇宙空間への輸送や宇宙研究のために活躍しています。

H-IIAロケットが成功率96％（26回のうち、失敗は1回のみ）というかがやかしい実績をおさめたように、日本のロケット技術は世界トップクラスといえるまで発展しました。

一方で、国際宇宙ステーション（ISS）への補給物資の輸送など、さらに大きく重量のある物資を乗せて打ちあげるために、H-IIAロケットの技術を使って、「H-IIBロケット」が開発されました。2009年には、宇宙ステーション補給機「こうのとり」1号機を宇宙空間へ打ちあげることに成功しています。

固体燃料エンジンのロケットも進化

日本が研究をつづけてきた固体燃料エンジンを搭載したロケットにおいても、新しい動きを見せています。

近年は、高性能で小型の人工衛星が開発されるようになってきたこともあり、重いものをとばす性能よりも、いかに費用をおさえて打ちあげるかが課題になっています。かつて、人工衛星の開発は国家プロジェクトでしたが、民間の会社が開発することも多くなりました。

そこで、液体ロケットよりも開発期間が短く、費用を低くおさえられる固体燃料エンジンを搭載した小型ロケットの開発がすすめられるようになったのです。

2013年9月に打ちあげに成功した固体燃料ロケット「イプシロンロケット」では、徹底的なコストの削減がはかられました。ロケットの開発期間は約1年間と短く、発射時の打ちあげシステムは、パソコン数台で事前の

イプシロンロケット

全長：24m
（H-IIAロケットの2分の1）
打ちあげ費用：約38億円
（H-IIAロケットの3分の1）
打ちあげ能力：1.2トン
（H-IIAロケットの10分の1）
※打ちあげ能力は小さいが、大幅な費用の削減がされている。

イプシロンロケットは、インターネットを通じて、世界中のどこからでもパソコンで管制が可能。

イプシロンロケットの開発のようす。

JAXA/JOE NISHIZAWA

点検や管制をおこなうことが可能です。惑星の探査機も小型化してきているので、イプシロンロケットは、低予算でも惑星探査がおこなえるロケットとして期待されています。

宇宙開発をささえる補給機「こうのとり」

日本の宇宙開発技術は、宇宙に食料や衣類、各種実験装置などの物資をはこぶ補給機にもいかされています。

地球や天体の観測や、宇宙での実験などをおこなう国際宇宙ステーション計画は15か国が協力する国際プロジェクトで、日本も有人実験施設「きぼう」を中心に活動しています。宇宙ステーション補給機「こうのとり」は、その施設へむけて、H-IIBロケットで打ちあげられる無人の宇宙船です。

こうのとりの最大の特徴は安全性です。従来の補給機は、ISSと直接ドッキングする方式だったため、ドッキングするタイミングのむずかしさや、衝撃の大きさが問題になっていました。しかし、こうのとりのドッキング方法は、いったんISSの真下付近に停止したあと、ISSのロボットアームにつかまれてドッキングするという安全なものです。この方法は、審査のきびしいアメリカ航空宇宙局（NASA）の基準も満たしていて、こうのとりはISSへ大型の実験装置を運搬できる補給機として活躍しています。

宇宙ステーション補給機「こうのとり」

ISSのロボットアームにつかまれた「こうのとり」4号機。
JAXA/NASA

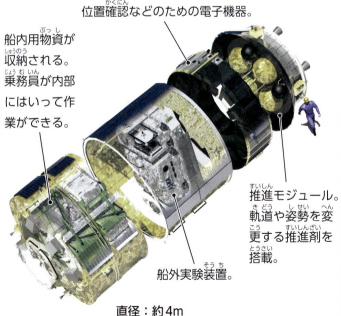

位置確認などのための電子機器。

船内用物資が収納される。乗務員が内部にはいって作業ができる。

推進モジュール。軌道や姿勢を変更する推進剤を搭載。

船外実験装置。

直径：約4m
全長：約10m
観光バスくらいの大きさ。

世界トップレベルの性能をもつコンピュータ！
スーパーコンピュータ「京」

スーパーコンピュータとは？

わたしたちの身のまわりには、多くのコンピュータがあり、毎日のくらしをささえています。パソコンやスマートフォンなど、さまざまな機器にコンピュータが使われていますが、日本や海外の研究機関では、はるかに大規模で高性能なコンピュータが稼働しています。それが「スーパーコンピュータ（スパコン）」とよばれるものです。

ふつうのコンピュータは、1秒間に数百億回くらいの速さで計算をしています。一方、スーパーコンピュータは、その数千倍もの速さで計算をおこないます。スーパーコンピュータとは、とてつもなく速い速度で計算をおこなう、すぐれた機械なのです。

日本には、世界トップクラスのスーパーコンピュータがあります。それが「京」です。

1秒間に1京回計算できる理由

京は、理化学研究所と富士通との共同開発により、2012（平成24）年に完成しました。1秒間に1京回の計算をおこなえることから、この名前がつけられました。

"京"は数字の単位で、0が16個もつく、とほうもなく大きな数です。もし、わたしたちが1秒間に1回の計算をおこなったとしても、1京回の計算をするには、全人類70億人で17日もかかってしまうほどです。京なら、たったの1秒で計算できるのです。

京 1秒間に1京回の計算をおこなうことができ、世界のスーパーコンピュータのなかでも、トップクラスの処理能力をもっている。
1京は 10,000,000,000,000,000。
提供：理化学研究所

システムラック 重さは約1トン。上下にCPUが収納されているシステムボードが24枚はいっている。
提供：富士通株式会社

CPU さまざまな数値計算や情報処理などをおこなう電子回路。
提供：富士通株式会社

理化学研究所計算科学研究機構 京がおかれている施設は準工業地域にある。
提供：理化学研究所

理化学研究所計算科学研究機構建屋 建屋は免震構造により、地震に強いつくりになっている。
提供：理化学研究所

計算機室 使われるケーブルは総延長が1000km以上にもなるので、京を設置した部屋は広大な空間となっている。
提供：理化学研究所

京の内部 内部には、熱がこもらないように、水が流れるパイプがはりめぐらされている。
提供：理化学研究所

　京は、なぜ1秒で1京回もの計算をおこなうことができるのでしょう？

　それは、コンピュータの頭脳ともいえるCPUの数にひみつがあります。京は、全体で864のシステムラックからなりたっています。1つのシステムラックには102個のCPUがあるので、全体としては、8万8128個のCPUがそなわっていることになります。それらのCPUを同時にはたらかせるため、1秒間でそれほど高速に計算ができるのです。

京をささえるくふう

　京は、兵庫県神戸市にある理化学研究所計算科学研究機構の施設内におかれていますが、この施設は、京の能力が最大限に発揮できるようにつくられています。たとえば、京に必要な20万本以上のケーブルを効率的に配置・配線できるように、本体を設置している計算機棟の3階は、1本も柱のないつくりになっています。また、地震によるゆれをおさえる装置が各所にそなえられているので、震度6強レベルの大地震がおきても、主要な機能をたもつことができます。

　こうしたくふうは、建物だけでなく、京そのものにもほどこされています。京の内部には金属製のパイプがはりめぐらされていますが、これは内部に熱がこもらないように、水を流して冷やすためのものです。これによって、電子部品の故障がおこりにくくなり、高速に計算をおこなうことができるのです。

京で何ができる？

京は、大規模で複雑な計算を必要とするコンピュータシミュレーション（模擬実験）を高速におこなうことができます。この性能を利用して、これまで困難だと考えられていた、つぎのような難題を解明することができます。京を利用した4つの事例を紹介しましょう。

提供：理化学研究所

提供：HPCI戦略プログラム分野1、東京大学 久田・杉浦・鷲尾・岡田研究室、協力 富士通株式会社

生きた心臓を再現！

人の心臓は、数百億個の細胞からできていて、複雑なしくみをもっています。そのため、1回の拍動を再現するだけでも、たくさんの計算をしなければならず、京が登場する前は、2年もの歳月が必要でした。しかし、京の全システムを使うことによって、1日で再現できるようになりました。

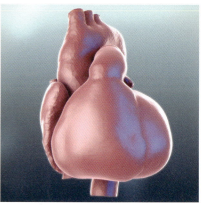

京で再現した心臓
将来は患者ひとりひとりのデータを心臓シミュレータに入力し、その人の心臓を再現することをめざしている。

メタンハイドレートを分解！

メタンハイドレートは、石油や天然ガスにかわるエネルギー源として期待されている物質です。しかし、海底の深い場所にねむっているので、取りだすのがむずかしく、分解して気体になったメタンガスだけを集める方法が研究されています。

京は、メタンハイドレートを分解するシミュレーションのために使われ、世界ではじめて、メタンが発生するしくみをあきらかにしました。

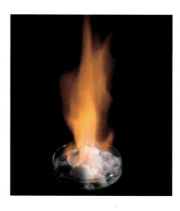

燃える人工メタンハイドレート
メタンハイドレートは、水とメタンが結合してできた氷のような物質で、「燃える氷」ともよばれている。

提供：メタンハイドレート資源開発研究コンソーシアム

分解中のメタンハイドレート
メタンハイドレートの分解がある程度すすむと、メタンの気泡ができ、分解が加速するということが京を使うことで解明された。

提供：岡山大学 松本正和

車がうける空気の流れを再現！

車の乗り心地や安定した走りなどを実現するためには、車体のまわりの空気の流れを正しく知る必要があります。以前は、人工的に風をつくる実験施設で試作車に風をあてて、空気の流れを調べていました。いまでは、京を使ったシミュレーションにより、もっと正確に空気の流れを再現できるようになりました。

提供：北海道大学（協力：スズキ）

京を使った車のシミュレーション
京を使うと、実験では計測できなかった不規則な空気の流れまでとらえることができる。

宇宙のなぞを解明！

宇宙には、ダークマターとよばれる目に見えない物質があります。宇宙の形成には、ダークマターが深くかかわっていると考えられています。そのことをたしかめるため、京では、ダークマターの粒子2兆個が、宇宙の誕生直後からどう進化していくのかをシミュレーションし、宇宙のなぞをときあかそうとしています。

実際の宇宙で観測された銀河の分布
銀河が網の目のようになっている構造は「宇宙の大規模構造」とよばれ、ダークマターによってつくられたと考えられている。

Mitaka: Copyright©2005 加藤恒彦, ARC and SDSS, 4D2U Project, NAOJ

活躍するスーパーコンピュータ

日本では、京のほかにも、さまざまなスーパーコンピュータが活躍しています。

気象庁では、気象観測によってえられたぼう大なデータをスーパーコンピュータに取りいれて、複雑な計算をさせ、将来の大気のようすを予測しています。また、東北大学では、脳の血管の病気をスーパーコンピュータでシミュレーションして、新しい治療法の開発に役立てています。

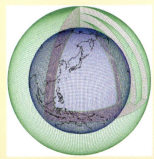

数値予報 地球の表面をこまかいマス目状に区切り、そこにコンピュータの計算結果を反映させることで、地球の大気の流れを予測する。

（気象庁ホームページより）

提供：東北大学 流体科学研究所 太田・安西

脳の血管の病気をシミュレーションした画像
東北大学で使われているスーパーコンピュータによるCG画像。

世界トップクラスの加工・印刷
通貨偽造防止技術

世界初の技術を取りいれた五百円硬貨

テレビを見ていると、にせもののお金が使われたというニュースを耳にすることがあります。こうした事件をへらすため、お札や硬貨には、偽造防止のためのさまざまな技術が取りいれられています。

五百円硬貨は、1982（昭和57）年にはじめて登場しました。その後、五百円硬貨の偽造事件がおきたこともあり、2000（平成12）年に材質とデザインを変更して、新しい五百円硬貨がつくられました。この硬貨には、「斜めギザ」や「潜像加工」などの偽造防止技術が取りいれられています。

五百円硬貨（表側）

五百円硬貨（裏側）

【潜像加工】
硬貨のかたむきをかえると、2つのゼロのなかに「500」の文字が見えたり、縦の棒線が見えたりする。この技術を取りいれた硬貨は、世界でも数例しかない。

【斜めギザ】
側面には、技術的にむずかしいとされる斜めギザがきざまれている。この技術が大量生産型の貨幣として、世界ではじめて採用された。

【微細線加工】
表側の「日本国」と「五百円」のまわりにほどこされた微細な線。1本の線は髪の毛よりも細い。

【微細点加工】
表側に微細な穴加工をほどこしたもので、微細加工のなかでは最先端の技術である。

提供：造幣局

多くの技術が取りいれられている一万円札

2004年に発行が開始された一万円札にも、さまざまな偽造防止技術が採用されています。古くから取りいれられているすかしのほか、深凹版印刷、特殊発光インキ、すきいれバーパターンなどといった多くの技術が取りいれられています。

一万円札（表側）

【深凹版印刷】
「壱万円」の文字や福沢諭吉の肖像には、インキが高くもりあがる特殊な印刷方法が採用されている。

【特殊発光インキ】
紫外線をあてると、お札の一部がひかる。

【ホログラム】
特殊なフィルムなどに印刷したもの。角度をかえることで、桜のもよう（左）や額面の金額（中）、日本銀行の「日」の字を図案化したマーク（右）に変化する。

【潜像もよう】
お札をかたむけることで、「10000」の数字がうかびあがってくる。

【すかし】
紙の厚さをかえることによって濃淡を表現する技術。明治時代に発行されたお札にも採用されている技術で、いまでも偽造防止に高い効果を発揮している。

【すきいれバーパターン】
光にすかすことで見ることができる3本の縦棒。五千円札と千円札にも採用されていて、五千円札には2本、千円札には1本の縦棒がすかしいれられている。

【パールインキ】
ピンク色で光沢のある半透明の印刷。お札をかたむけると、見ることができる。

【識別マーク】
目の不自由な人が指でふれてもわかるように、深凹版印刷により、ざらつきをだしている。

【マイクロ文字】
「NIPPON GINKO」という文字がきわめて小さく印刷されている。

提供：国立印刷局

さくいん

各章でとりあげた製品・プロジェクトなどは青字にしています。

あ

- ISS ……… 21、107、134、135
- アイサイト……… 100〜103
- 朝日万金膏……… 93
- アタック………90〜92
- 一万円札……… 141
- いつでも新鮮 しぼりたて生しょうゆ ……… 6、7
- 糸川英夫……… 132
- イプシロンロケット……… 134
- 今村善次郎……… 35
- 医療用手術針……… 118、119
- 衣料用洗剤………90〜92
- Intuos comic ……… 53
- 歌橋憲一……… 26
- 宇宙開発事業団……… 133
- 宇宙航空研究開発機構… 21、107、133
- 腕時計……… 88、89
- ウルトラアタックNeo ……… 92
- うるるとさらら………60〜62
- 運動靴………74〜77
- H-IIAロケット ……… 132〜135
- H-IIロケット ……… 132、133
- H-Iロケット ……… 133
- 液晶ペンタブレット……… 52、53
- 液体燃料エンジン……… 132、133
- MSシュレッダー………54〜56
- L0系……… 125
- お〜いお茶………10〜12
- おおすみ……… 132
- OLYMPUS PEN E-P1…… 46、49

か

- ガイドウェイ……… 126
- 海洋研究開発機構……… 131
- 花王石鹸……… 92
- カゴメ記念館……… 17
- カゴメトマトケチャップ… 15、16
- 傘袋自動装着器……… 112、113
- 傘ぽん……… 112、113
- 活性炭……… 82、83
- 家庭用浄水器………82〜85
- 家庭用ビデオカメラ………57〜59
- 家庭用ルームエアコン………60〜62
- 蟹江一太郎……… 14
- 缶入り煎茶……… 10、11
- 缶入り緑茶………10〜13
- 北里柴三郎……… 71
- きぼう……… 135
- CAS技術……… 114、115
- 急速冷凍……… 114、115
- キユーピーマヨネーズ……22〜24
- 近赤外線……… 110、111
- グッドデザイン賞…… 8、85、88
- クラウンジュン……… 118
- クリンスイ………82〜85
- クレハロン……… 66、67
- クレラップ………66〜68
- 京 ……… 136〜139
- ケシポン………32〜34
- 化粧筆……… 86、87
- 耕うん機……… 116、117
- こうのとり……… 134、135

さ

- 国際宇宙ステーション…21、107、134、135
- 個人情報保護スタンプ……32〜34
- 個人情報保護法……… 32
- 固体燃料エンジン…… 132、134
- 五百円硬貨……… 140
- コンピュータシミュレーション … 138
- 撮像素子……… 47、49
- サロンパス………93〜95
- サロンパスAe……… 93
- CCD ……… 57、58
- G-SHOCK……… 88、89
- 歯垢……… 64
- 歯周病……… 63、64
- 下町ボブスレー……… 120〜124
- 自動式電気釜……… 50、51
- 自動車運転支援システム …100〜103
- 自動車プラモデル………38〜41
- 自動ブレーキ…… 100、102、103
- 指紋認証……… 108、109
- JAXA ……… 21、107、133
- JAMSTEC……… 131
- シュレッダー………54〜56
- 瞬足………74〜77
- 静脈認証……… 108〜111
- 食品包装用ラップフィルム… 66〜69
- 代田稔……… 18
- しんかい6500……… 128〜131
- 真空圧力IHジャー炊飯器……… 51
- 人工衛星……… 132〜134
- Cintiq 13HD ……… 52

水銀体温計⋯⋯⋯⋯⋯70〜72	天使のはね⋯⋯⋯⋯⋯42、43	ポケットドルツ⋯⋯⋯⋯64、65
推進コイル⋯⋯⋯⋯⋯ 126	電動ハブラシ⋯⋯⋯⋯63〜65	
スーパーコンピュータ「京」⋯⋯⋯⋯⋯⋯ 136〜139	東芝未来科学館⋯⋯⋯⋯ 51	**ま**
	東北地方太平洋沖地震⋯ 130、131	マイクロサージャリー⋯⋯ 118
スーパーマイクロサージャリー⋯119	トマトケチャップ⋯⋯⋯14〜17	マイボトル⋯⋯⋯⋯⋯78、80
スケーリーフット⋯⋯⋯ 131	ドルツ⋯⋯⋯⋯⋯⋯63〜65	マジックテープ⋯⋯⋯96〜98
ステレオカメラ⋯100、101、103		町工場⋯⋯⋯ 70、120〜124
ステンレスボトル⋯⋯⋯78〜81	**な**	まほうびん⋯⋯⋯⋯⋯78〜80
ステンレスマグ⋯⋯78、80、81	中島董一郎⋯⋯⋯⋯⋯ 22	マヨネーズ⋯⋯⋯⋯⋯22〜25
生体認証技術⋯⋯⋯⋯108〜111	NASDA⋯⋯⋯⋯⋯⋯ 133	ミニ四駆⋯⋯⋯⋯⋯38〜41
ゼオライト⋯⋯⋯⋯61、62、91	斜めギザ⋯⋯⋯⋯⋯ 140	ミニ四駆ジャパンカップ⋯ 40、41
接着剤⋯⋯⋯⋯⋯⋯35〜37	生しょうゆ⋯⋯⋯⋯⋯6〜9	ミラーレスデジタル一眼カメラ⋯⋯⋯⋯⋯⋯46〜49
セメダインC⋯⋯⋯⋯35〜37	日本文具大賞⋯⋯⋯⋯ 31	
セロテープ⋯⋯⋯⋯⋯26〜29	NEWクレラップ⋯⋯66、68、69	無給水加湿⋯⋯⋯⋯61、62
セロハン粘着テープ⋯⋯26〜29	NEWヤクルト⋯⋯⋯⋯18、19	無縫製ニット横編機⋯ 104〜107
潜像加工⋯⋯⋯⋯⋯ 140	乳酸菌 シロタ株⋯⋯⋯18〜21	メタンハイドレート⋯⋯ 138
	乳製品乳酸菌飲料⋯⋯⋯18〜21	面ファスナー⋯⋯⋯⋯96〜98
た		もの知りしょうゆ館⋯⋯⋯⋯9
ダークマター⋯⋯⋯⋯ 139	**は**	ものづくり日本大賞⋯ 87、119
髙木禮二⋯⋯⋯⋯⋯ 54	貼り薬⋯⋯⋯⋯⋯⋯93〜95	
種子島宇宙センター⋯⋯⋯ 133	ハンディ鉛筆削り⋯⋯⋯30、31	**や**
ちきゅう⋯⋯⋯⋯⋯ 131	ハンディカム⋯⋯⋯⋯57〜59	ヤクルト⋯⋯⋯⋯⋯18〜21
チムニー⋯⋯⋯⋯⋯ 130	ピアンタFV200⋯⋯ 116、117	よこすか⋯⋯⋯⋯⋯129〜131
中空糸膜⋯⋯⋯⋯⋯82〜85	東日本大震災⋯⋯⋯⋯ 121	
超電導磁石⋯⋯⋯⋯125〜127	微小外科⋯⋯⋯⋯⋯ 118	**ら**
超電導リニア⋯⋯⋯⋯125〜127	ひまわり⋯⋯⋯⋯⋯132、133	ラチェッタワン⋯⋯⋯⋯ 30
超微細外科⋯⋯⋯⋯⋯ 119	深凹版印刷⋯⋯⋯⋯⋯ 141	ラチェット機構⋯⋯⋯30、31
通貨偽造防止技術⋯⋯140、141	浮上・案内コイル⋯⋯ 126、127	ランドセル⋯⋯⋯⋯⋯42〜44
デシカント⋯⋯⋯⋯⋯ 62	フュージョンミュージアム⋯ 107	理化学研究所⋯⋯⋯136、137
デジタル一眼レフカメラ⋯⋯46〜48	平衡温⋯⋯⋯⋯⋯⋯70〜72	リニア中央新幹線⋯⋯⋯125〜127
手のひら静脈認証⋯⋯⋯ 110	ホールガーメント⋯⋯ 104〜107	リニアモーター⋯⋯⋯125、126
テルモ電子体温計⋯⋯⋯ 72	ホールガーメント横編機⋯⋯104、106、107	冷凍技術⋯⋯⋯⋯⋯114、115
電子体温計⋯⋯⋯⋯⋯70〜73		

編 ワン・ステップ

児童・生徒向けの学習教材や書籍を制作する編集プロダクション。おもな書籍シリーズに「NHK歴史秘話ヒストリア 歴史にかくされた知られざる物語」「不思議発見 めざせ！ 理科クイズマスター」「考えよう！ 地球環境 身近なことからエコ活動」（いずれも金の星社）などがある。

協力・写真提供（掲載順） キッコーマン食品株式会社、株式会社伊藤園、カゴメ株式会社、
株式会社ヤクルト本社、キユーピー株式会社、ニチバン株式会社、株式会社ソニック、プラス株式会社、
セメダイン株式会社、株式会社タミヤ、株式会社セイバン、オリンパス株式会社、株式会社東芝、
東芝ライフスタイル株式会社、東芝未来科学館、株式会社ワコム、株式会社明光商会、ソニー株式会社、
ダイキン工業株式会社、パナソニック株式会社、株式会社クレハ、テルモ株式会社、アキレス株式会社、
象印マホービン株式会社、三菱レイヨン・クリンスイ株式会社、株式会社白鳳堂、カシオ計算機株式会社、
花王株式会社、久光製薬株式会社、クラレファスニング株式会社、富士重工業株式会社、株式会社島精機製作所、
富士通株式会社、新倉計量器株式会社、株式会社アビー、本田技研工業株式会社、株式会社河野製作所、
大田区産業振興協会、下町ボブスレーネットワークプロジェクト、東海旅客鉄道株式会社、
独立行政法人海洋研究開発機構（JAMSTEC）、独立行政法人宇宙航空研究開発機構（JAXA）、
独立行政法人理化学研究所、独立行政法人造幣局、独立行政法人国立印刷局

執　　筆	松本美和　田松友紀　江藤純　石原弘司	
イラスト	川下 隆（12、36、73、97、108ページ）	
	池下章裕（133ページ）	
図版作成	中原武士	
デザイン	VolumeZone	
Ｄ　Ｔ　Ｐ	ONESTEP	

世界に誇る！
日本のものづくり図鑑２

初版発行／2015年2月

編／ワン・ステップ

発行所／株式会社 金の星社
　　　　〒111-0056 東京都台東区小島1-4-3
　　　　電話（03）3861-1861（代表）
　　　　FAX（03）3861-1507
　　　　振替　00100-0-64678
　　　　http://www.kinnohoshi.co.jp
印　刷／広研印刷 株式会社
製　本／牧製本印刷 株式会社
NDC500　144p.　29cm　ISBN978-4-323-06202-0

©Takashi Kawashita, Akihiro Ikeshita & ONESTEP inc. 2015
Published by KIN-NO-HOSHI SHA, Tokyo, Japan.

乱丁落丁本は、ご面倒ですが小社販売部宛にご送付下さい。
送料小社負担にてお取替えいたします。

JCOPY （社）出版者著作権管理機構 委託出版物

本書の無断複写は著作権法上での例外を除き禁じられています。複写される場合は、そのつど事前に
（社）出版者著作権管理機構（電話 03-3513-6969、FAX 03-3513-6979、e-mail: info@jcopy.or.jp）の許諾を得てください。
※本書を代行業者等の第三者に依頼してスキャンやデジタル化することは、たとえ個人や家庭内での利用でも著作権法違反です。